图 解 六 大 材 料 及 新 材 料 100 例

# 家 居 产 品 设 计
# 材 料 与 工 艺

杨玮娣　张昆　毛颖　章萌 —— 主编

中国林业出版社
China Forestry Publishing House

## 内容摘要

本书主要针对艺术设计类专业的学生，不涉及材料的微观结构、复杂的力学性能运算等方面，而是以丰富的图片、新颖的案例分析、材料的应用实践，结合产品材料的基本理论知识，通过可视化框架图或图解，把晦涩难懂的理论文字转换成能够让读者更容易理解的形式，从而把其中的知识点融会贯通，并能使读者更直观地领悟到材料工艺在家居产品设计的应用中所产生的设计魅力。

彩色PPT电子资源

**图书在版编目（CIP）数据**

家居产品设计材料与工艺：图解六大材料及新材料100例 / 杨玮娣等主编. -- 北京：中国林业出版社，2025.1

ISBN 978-7-5219-2318-6

Ⅰ. ①家… Ⅱ. ①杨… Ⅲ. ①产品设计－研究 Ⅳ. ①TB472

中国国家版本馆CIP数据核字（2023）第168436号

策划、责任编辑：杜娟　李鹏

出版发行：中国林业出版社（100009　北京西城区刘海胡同7号）
　　　　　电话：（010）83143520
制　　版：北京美光设计制版有限公司
印　　刷：河北京平诚乾印刷有限公司
版　　次：2025年1月第1版
印　　次：2025年1月第1次印刷
开　　本：889mm×1194mm　　1/16
印　　张：13.5
字　　数：352千字
定　　价：78.00元

# 本书编写组

## 主　　编

杨玮娣　　张　昆　　毛　颖　　章　萌

## 参 编 人 员

黎雪丽　　邓辰霄　　韩　旭　　王佳宁　　彭祎辰

# 前言
## Preface

家居产品泛指家具、厨卫用具、室内配饰及其他日常家居生活所需要的产品，侧重优化人们的使用体验和感受。家居产品设计师需要从日常生活中发现问题、解决问题，并最终通过产品提升人们的生活品质。这是一种创造性的设计过程，是由设计师将某种构思视觉化，对产品的功能、结构、形态及包装等进行整合优化，并将各种材料通过各类生产工具和一系列合理的加工流程，转换成某一具体的物质形态的过程。在这种转换过程中，材料与工艺是家居产品设计的物质和技术条件，是实现设计的基础和前提。而设计则必须通过材料与工艺才能转化成实体产品，实现其自身的价值，只有熟悉材料的性能、特点及其加工工艺的设计师，才能更好地实现设计的目的，达到设计的要求。

家居产品设计是在选用某种材料的基础上进行的，必须让材料性能、加工工艺与产品功能、使用需求相一致。因此，设计师与技术人员需要了解并熟悉多种材料的物理、化学等性能，熟知加工工艺、表面处理工艺及各种成型工艺的特性，并学会将处理材料、功能、工艺、使用者及环境之间的关系作为一种设计手法，特别是运用材料进行设计思考，从而设计出更多能够满足人们需求、既实用又美观的产品。

本书是作者在总结多年教学和实践经验的基础上，结合艺术设计类专业的学生特点，将产品设计相关知识点进行整合与归纳。全书共9章：第1章为概述；第2章为产品材料分类与特性；第3~8章为常用材料工艺与应用，分别对木质材料、金属、塑料、竹材、陶瓷、玻璃等材料的性能、分类、组成、应用范围及成型工艺的特点等进行介绍，并结合设计与应用案例展开进一步说明；第9章介绍了新材料与未来家居产品设计，读者通过了解新兴材料的动态，思考新旧材料之间相互融合的途径，启发设计灵感。

本书主要针对艺术设计类专业的学生，不涉及材料的微观结构、复杂的内部性能等内容，而是以更多新颖的案例分析、材料应用的实践讲解，结合产品材料的基本理论知识，通过可视化框架图或图解，把理论文字转换成能够让人更容易理解的形式，从而把其中的知识点融会贯通，并能使读者更直观地领悟到材料与加工工艺在产品设计中的应用所产生的设计魅力。总之，本书内容丰富、直观易懂、构架完善、知识点突出、信息量大、综合性强，并配有彩色PPT、图片供读者学习。

本书由北京工业大学杨玮娣、张昆、毛颖、章萌等老师编写完成。感谢黎雪丽、邓辰霄、韩旭、彭祎辰、王佳宁等人的参与，正是有了大家的精彩参与，才会有本书丰富而生动的内容。同时，感谢杜娟、李鹏等所有对本书提供帮助的同事和朋友。

由于作者水平有限，书中难免有不足之处，恳请读者批评指正。

杨玮娣

2024年5月

# 目  录
Contents

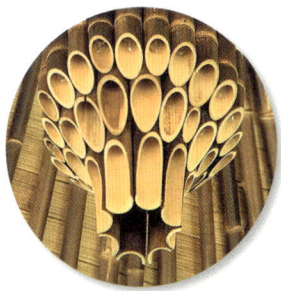

# 1

## 概　述

*Notes*

# 1.1　学习产品材料的重要性

材料是人类赖以生存和发展的物质基础之一，人类对材料的认识和利用的能力，也影响着社会的形态和人类生活的品质。在人类的造物活动中，材料起到了举足轻重的作用。

## 1.1.1　材料与产品设计的关系

材料与产品设计的关系是密不可分的，一件产品是由某种材料经过一定的加工过程形成的，其中功能、形态、结构和材料是构成产品的主要要素，而材料与结构是一件产品得以形成的物质与技术前提，图1-1对产品的定义和构成要素进行了归纳。

在家居产品设计过程中，丰富多样的产品可以给人们带来很多新的使用体验，甚至可以带来生活方式上的一些改变，而根据材料特性进行的各种产品设计的尝试，无疑为设计带来了更多的可能性。图1-2展现了材料特性与家居产品设计的关系以及对人们生活方式的影响和渗透。

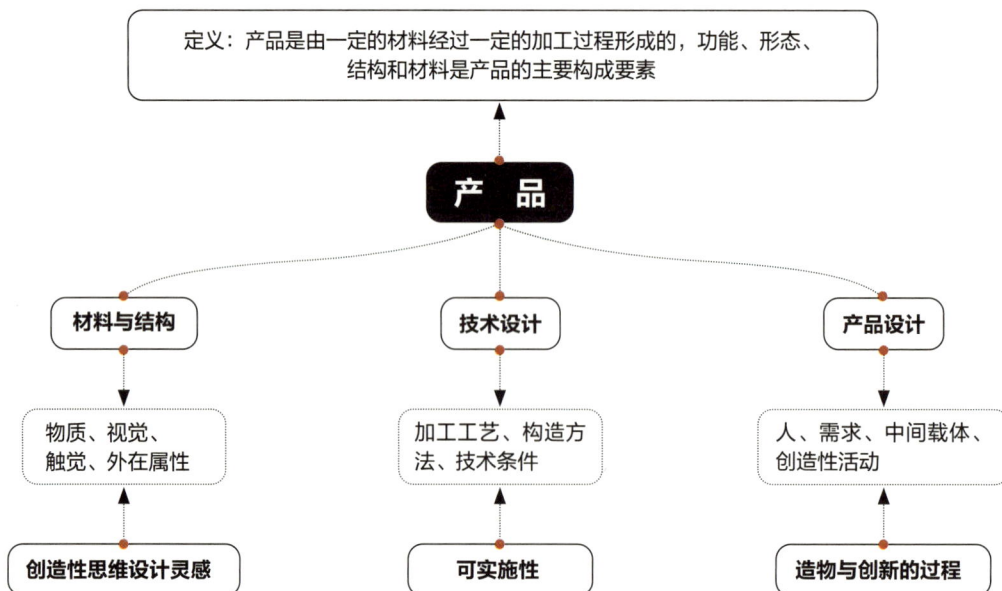

图1-1　产品的定义和构成要素

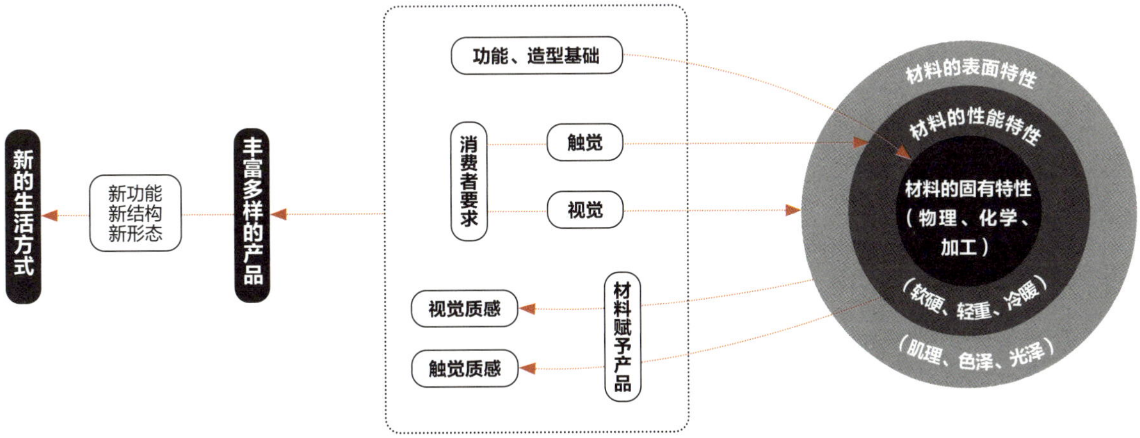

图1-2 材料特性与家居产品设计的关系

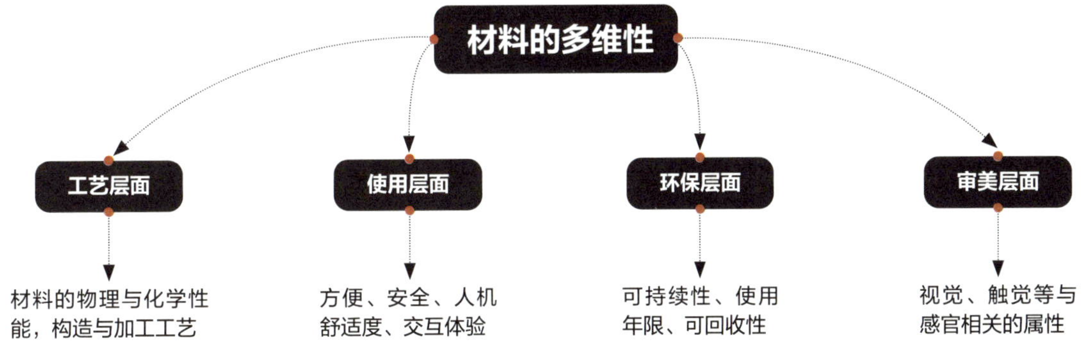

图1-3 材料的多维性

## 1.1.2 材料的多维性与创新思维

　　材料不是单一的，它是多维的，通常包含了4个层面的信息，即工艺层面、使用层面、环保层面和审美层面，如图1-3所示。在进行产品设计的过程中，人们既要遵从材料自身的内在特性和规律，也要充分利用材料具有的多样性，从而为设计过程带来更多新的思路和新的惊喜，有助于创新思维的提升。

*Notes*

## 1.2　设计类学科的材料学课程特点

### 1.2.1　与工科的区别

图1-4用图解的方式展示了工科与设计类学科对于材料学研究不同的范围和视角。从不同学科的特点可以看出，对于材料，工科与设计类学科存在很好的结合点。工科背景的人员开发出来新材料后，设计人员介入后期，把新材料做成各种既美观又实用的产品。新材料会很快被大众认知，而设计的产品也会因为新材料令人耳目一新，给使用者带来更多不同的体验。

### 1.2.2　**重点掌握的知识点**

对于家居产品设计而言，设计师需要掌握材料和工艺相关的基础知识，并且能够应用材料工艺学的相关知识，在设计中选择恰当的材料与工艺，解决实际的设计问题，使产品美感与性能相互协调。

基于这些必备知识的掌握要求，本书从以下3个部分进行介绍。

（1）产品材料分类与特性

（2）常用材料及其加工工艺与应用

（3）新材料与未来家居产品设计

晶体结构　　显微结构　　复合结构
纳米　　微米　　毫米　　米

性能

结构、成分　　**材料科学**　　应用需求

合成、加工

**工科的材料学范围（从微观方面）：**
工程力学、物理学、机械、电子、分子间距、应力等

**设计类学科的材料学范围（从宏观方面）：**
性能、结构、工艺、材料美感、应用以及如何解决设计问题

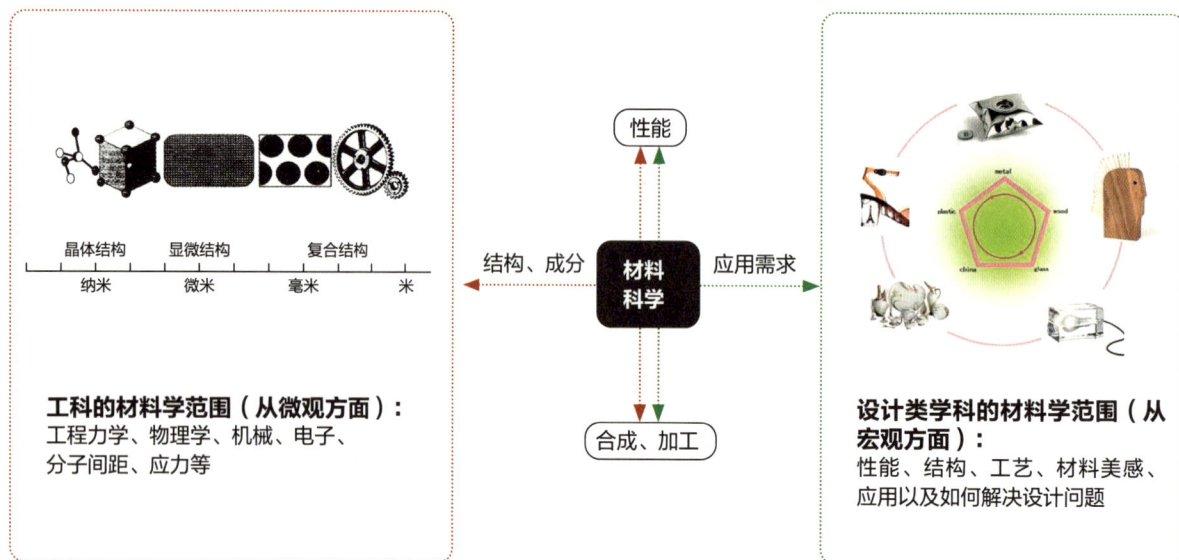

图1-4　工科与设计类学科的材料学研究区别

# 1.3　材料选择与应用

## 1.3.1　材料选择的原则

材料选择的原则一般从以下4个方面考虑，图1-5对其进行了归纳，具体如下：

（1）满足功能要求

①性能：根据所需性能选择材料，满足产品的功能要求。

②使用寿命：经久耐用或快速消耗。

③特定环境使用：振动与冲击、温度与湿度、人为破坏等，不同的材料具有不同的环境适应性。

④安全：要考虑产品对人的危害，考虑产品对环境的危害。

（2）满足工艺要求

①加工难度：现有工艺要使产品能够被制造出来，而不是停留在概念产品。

②产品结构：产品结构不仅影响加工工艺、装配工艺、生产成本，对材料选择也产生重要影响。

*Notes*

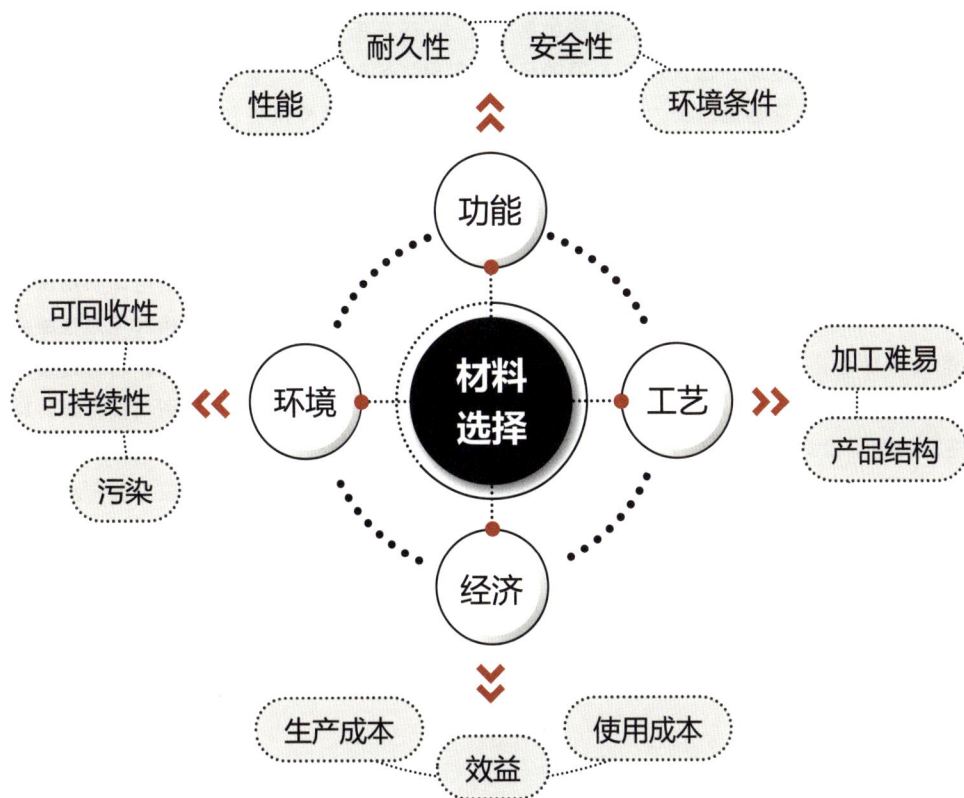

图1-5　材料选择的原则

（3）满足经济要求

①生产成本：包括可变成本（含材料成本和制造成本）、固定成本（含管理费、研发费等）和制造厂利润三大部分，它随产品功能的增加而提高。

②使用成本：包括运行维护费、修理费、保险费和折旧费等，更先进的理念还包括考虑产品废弃后可能发生的环境治理费用。多数情况下，产品功能水平越高，使用成本越低。

③经济效益：要保证一定的经济效益。

（4）满足环境要求

①环境污染：制备、生产过程中能耗低、噪音小、无毒性并对环境无害的材料。

②回收利用：可回收，循环利用。

### 1.3.2　材料在创新设计中的应用

#### （1）突破材料的常规应用范围

材料本质上并无任何情感属性，属于客观物质范畴，但是它给人的主观印象在一定程度上是由于其长期被应用于某些特定产品中而形成的，比如钢筋、混凝土通常被用于高楼大厦、公路桥梁等，在人们主观意识中就对其形成了冷峻、淡漠、乏味的主观印象。但是如果能够有意识地拓宽材料的应用范围，让人们在不同的场景和使用过程中接触它们，就能逐渐改变大众对它们的主观感受。

#### （2）消解材料的固有造型特征

在造型过程中，因材施型是非常普遍的思维意识，也就是根据大众对材料的固有认识赋予其相应的造型特征，比如同样是几何形态，金属制品往往呈现出较为硬朗的造型特征，而木质品或布艺品则会呈现得相对柔和。这种因材施型的造型模式虽然可以强化材料某方面的特征，但也容易导致其主观特征趋于形式化而失去创新性和新颖性。因此，有意识地消除材料与其固有造型特征间的关联，在不违背产品总体设计要求的前提下，用材料的多种可能性带给消费者全新的体验，进而让产品形成全新的主观特征。

#### （3）材料选择与未来智能生活方式

① 绿色环保

面对日益严重的环境污染，人们开始考虑如何从源头上遏制环境污染。由于产品的生产造成了许多废弃物，如果能在产品设计的材料选择问题上把环境的因素考虑进去，同时，在生产的最后环节充分考虑材料的再生、回收和利用，将能够有效地遏制环境污染。

② 智能化

物联网、数据分析以及人工智能这三大技术之间的合作将会在世界上创造出一个巨大的智能机器网络，涉及人类衣、食、住、行各个方面。专家们预测在2045年将会有超过1000亿台的设备连接在互联网上。这些设备包括了移动通讯设备、可穿戴设备、家用电器、医疗设备、工业探测器、监控摄像头、汽车以及服装等。这些都离不开材料的支撑。

③ 交互体验

在马斯洛需求层次理论中，最高需求层次是"自我实现"的阶段。"事物有了价值，还需要被体验，人们越来越重视精神消费和情感满足。"材料作为一种可以让用户感受交互体验的媒介，自然值得被斟酌。

④ 新型材料

从可以自我恢复和自我清理的智能材料，到可以恢复原本形状的记忆金属，再到可以利用压力发电的压电陶瓷材料，然后到拥有惊人结构和电力性能的纳米材料，这些都是材料科学家取得的成功。材料是设计的物质基础和载体，材料选择离不开材料到科技再到材料的演变，也就是从材料的属性出发，随着科技的进步开发制造出属性更加强大的材料，进而再将其应用到产品上。

# 2

## 产品材料分类与特性

*Notes*

# 2.1　产品材料的分类

产品所用的材料从宏观上看，其分类的涵盖面非常广泛，包括材料的用途、物质结构、形态和来源等方面不同层级的分类，图2-1对不同的分类进行了梳理与归纳，从归纳图中可以了解每种分类所包含的内容，有助于更加直观地了解不同种类的材料。

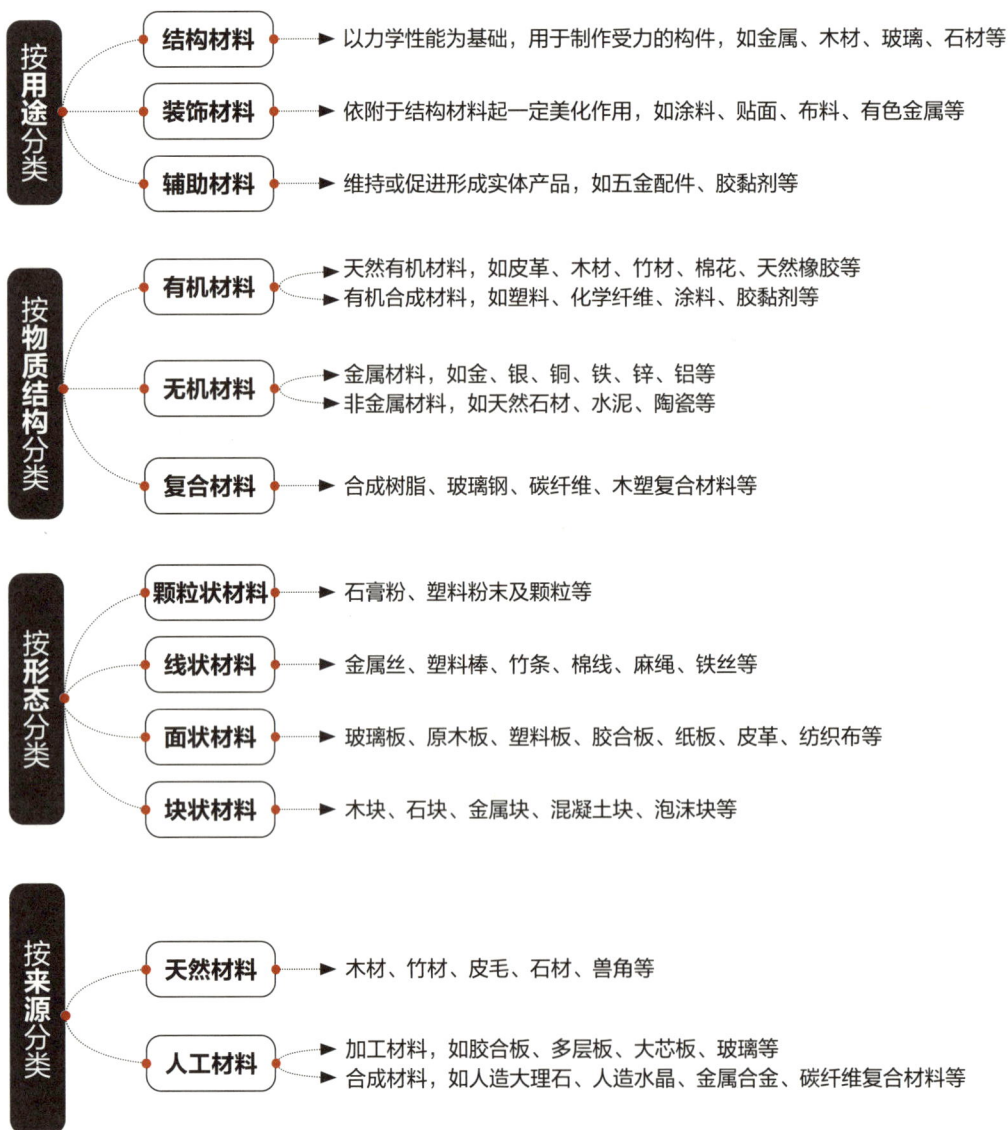

**按用途分类**

- **结构材料** ► 以力学性能为基础，用于制作受力的构件，如金属、木材、玻璃、石材等
- **装饰材料** ► 依附于结构材料起一定美化作用，如涂料、贴面、布料、有色金属等
- **辅助材料** ► 维持或促进形成实体产品，如五金配件、胶黏剂等

**按物质结构分类**

- **有机材料** ► 天然有机材料，如皮革、木材、竹材、棉花、天然橡胶等
  ► 有机合成材料，如塑料、化学纤维、涂料、胶黏剂等
- **无机材料** ► 金属材料，如金、银、铜、铁、锌、铝等
  ► 非金属材料，如天然石材、水泥、陶瓷等
- **复合材料** ► 合成树脂、玻璃钢、碳纤维、木塑复合材料等

**按形态分类**

- **颗粒状材料** ► 石膏粉、塑料粉末及颗粒等
- **线状材料** ► 金属丝、塑料棒、竹条、棉线、麻绳、铁丝等
- **面状材料** ► 玻璃板、原木板、塑料板、胶合板、纸板、皮革、纺织布等
- **块状材料** ► 木块、石块、金属块、混凝土块、泡沫块等

**按来源分类**

- **天然材料** ► 木材、竹材、皮毛、石材、兽角等
- **人工材料** ► 加工材料，如胶合板、多层板、大芯板、玻璃等
  ► 合成材料，如人造大理石、人造水晶、金属合金、碳纤维复合材料等

图2-1　产品材料的分类

## 2.2　产品材料的特性

　　材料的特性分为固有特性、工艺特性和感觉特性，图2-2归纳出的是材料的不同特性所包含的内容，这些内容构成了学习者对材料特性认识的理论基础框架。

　　在产品设计中，如何对一件产品的特性进行描述，通常从材料的三大特性入手，所包含的描述内容如图2-3所示。以图2-4中的座椅为例，不同的材料，对于产品所能反馈给使用者的信息也是不同的。

### 案例分析

　　图2-4是同样造型的椅子，采用的材料不同。图2-4（a）为金属框架，内嵌雕花木板，给人的感觉相对温和朴素，有一种安静的气质，即便框架是金属材料也并没有给人过于冰冷的感受。而图2-4（b），同样的造型、同样的金属框架，而座面和靠背采用透明雕花亚克力板，透明亚克力板和金属框架的搭配，给人现代时尚之感，但同时也给人一丝冰冷的距离感。

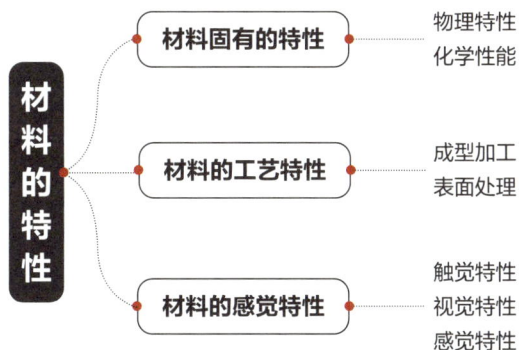

图2-2　材料的特性

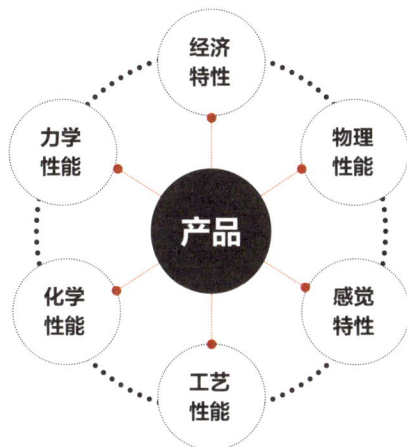

（a）

图2-3　产品特性描述包含的内容

（b）

图2-4　同一造型产品运用不同材料的对比

## 2.2.1 材料的固有特性

材料的固有特性包括物理特性和化学特性，图2-5对其固有特性进行了归纳总结。对材料固有特性的了解是家居产品设计的基础，在设计中，根据功能选择适合的材料，根据形态选择适合的加工工艺，这样不仅可以使产品在使用上更加方便，而且还能产生各种不同的造型，满足更多人的需求。

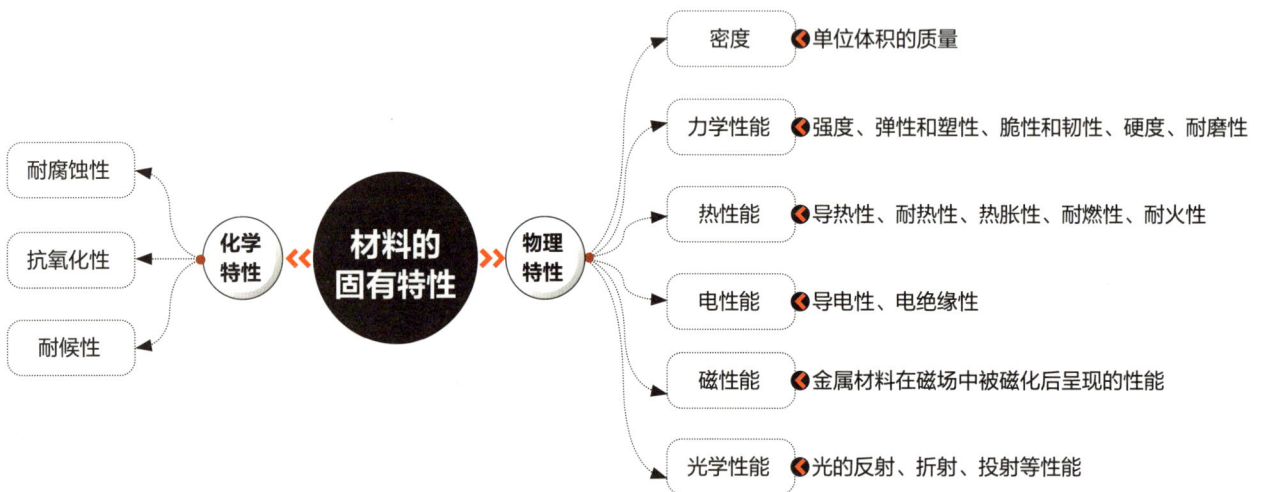

图2-5  材料的固有特性归纳

*Notes*

## 案例分析

图2-6是一个喝水的杯子：为了防止烫手，杯体中间有一圈内紧式防滑硅胶；为了防止滴水、漏水，让杯盖有更好的密闭性，杯盖采用了高压聚乙烯（LDPE）这种相对安全的材质；杯子主体采用不含铅的钢化玻璃，所有零件都是可拆卸、可清洗的。通过这个案例可以看出，材料与产品功能之间的关系是非常密切的。

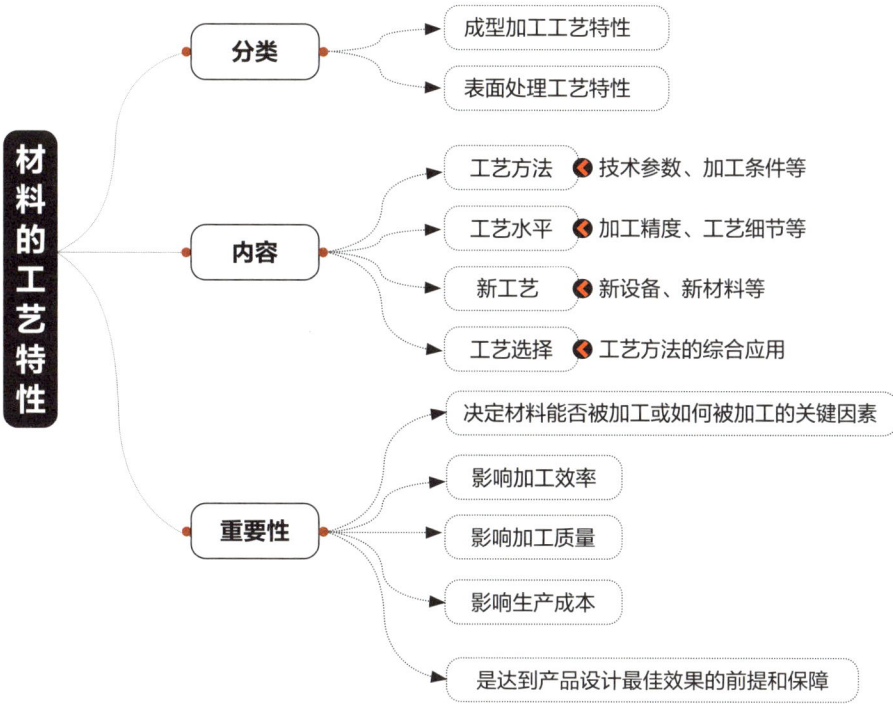

图2-7　材料的工艺特性归纳

## 2.2.2　材料的工艺特性

材料的工艺特性是对材料进行加工时必须要了解的性能，它是材料固有特性的综合反映，是决定产品能否进行加工或如何进行加工的重要因素（图2-7）。在设计中，对于工艺技术的合理把控，是达到产品最佳效果的前提和保障，如图2-8中，同为坐具，因为不同材料，不同制作工艺，导致产生完全不同的效果。

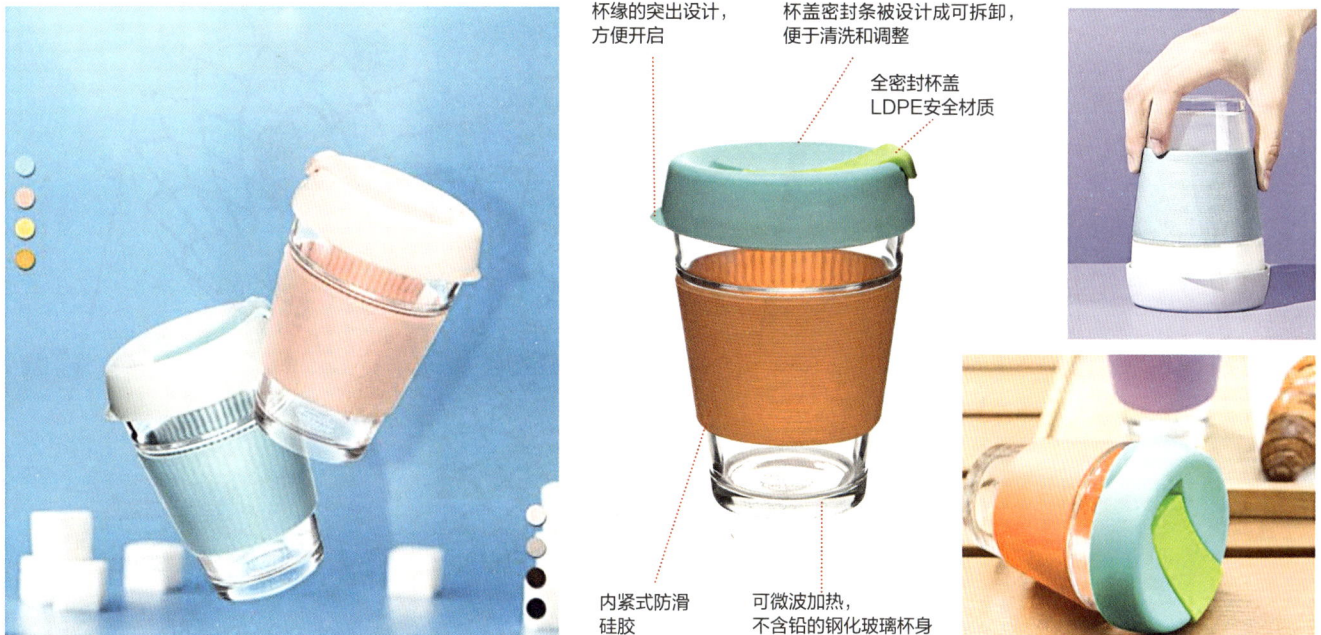

杯缘的突出设计，方便开启

杯盖密封条被设计成可拆卸，便于清洗和调整

全密封杯盖LDPE安全材质

内紧式防滑硅胶

可微波加热，不含铅的钢化玻璃杯身

图2-6　材料与产品功能的关联性

图2-8　不同材料、不同工艺特性的产品对比

## （1）材料的成型加工工艺特性

成型加工包含了成型和加工两个方面。图2-9为材料成型加工工艺特性的归纳图。

## （2）材料的表面处理工艺特性

材料表面处理工艺特性是指对原材料或经成型加工后的半成品进行一步加工处理时所表现出来的特性，图2-10对其进行了归纳总结。

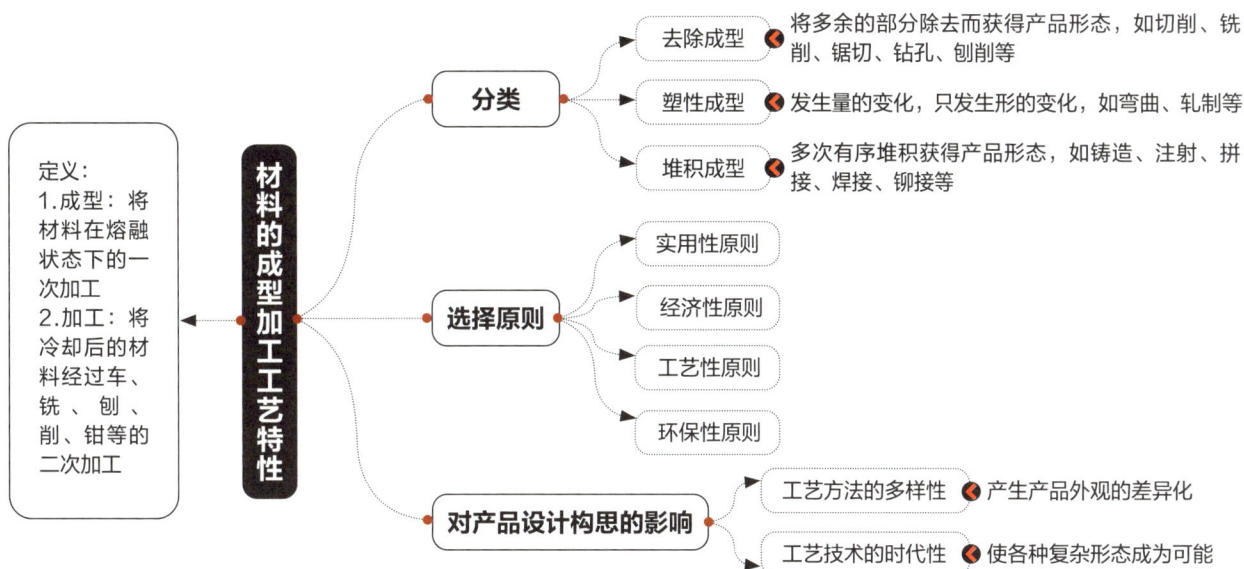

图2-9 材料成型加工工艺特性的归纳

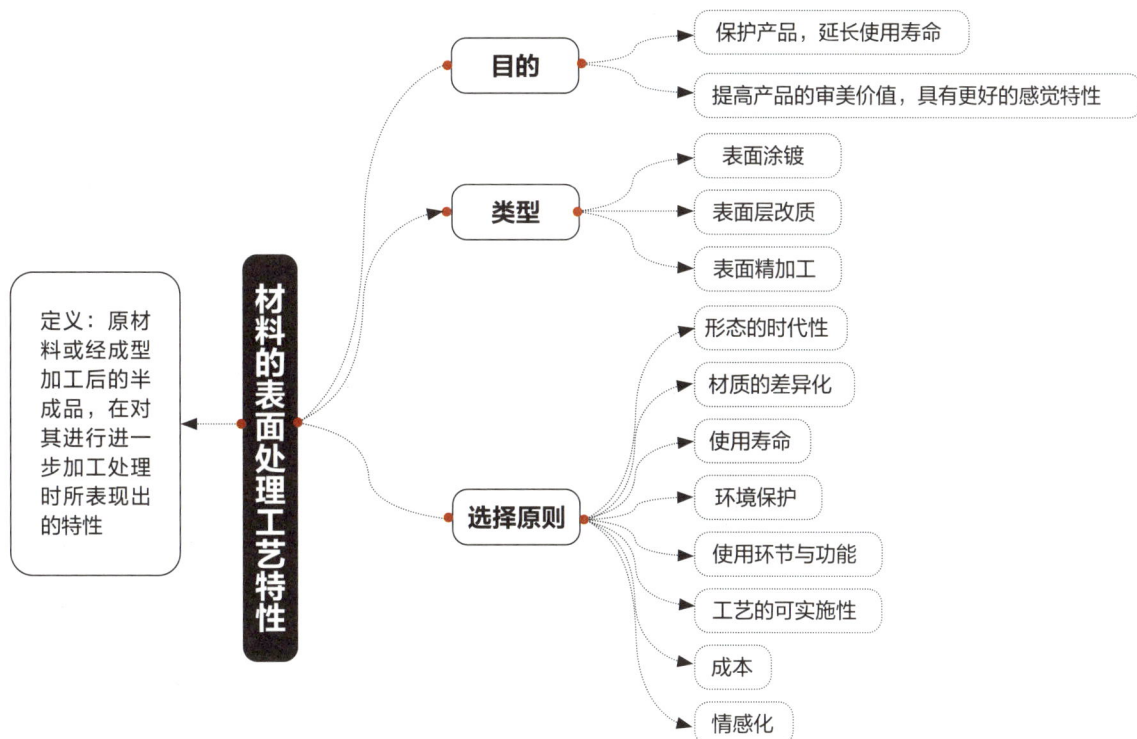

图2-10 材料的表面处理工艺特性归纳

## 2.2.3　材料的感觉特性

材料的感觉特性是人的感觉系统因生理刺激对材料做出的反应，如图2-11所示是人对材料产生的部分生理和心理活动，是人们建立在生理基础上，通过感觉系统对材料产生的综合印象。

材料的感觉特性包含2个基本属性，即生理属性和物理属性。在描述一件产品的感觉特性时可以从这两个方面来展开。如图2-12的藤编座椅，可以从它给人的朴素、亲切、温暖和凉爽等方面来描述它的生理属性，从藤材自然的色泽和凸凹的表面等来描述它的物理属性。

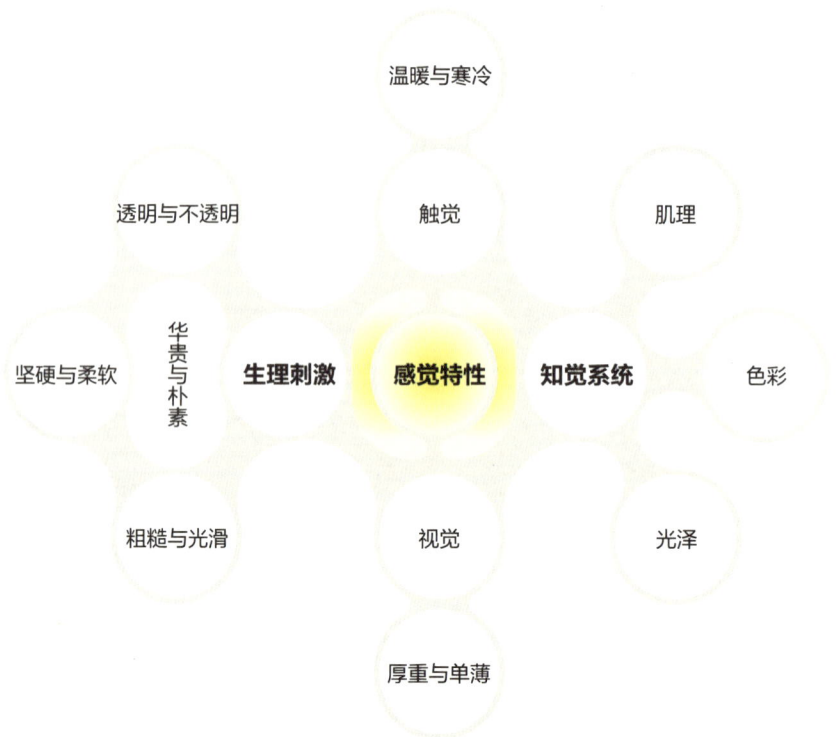

温暖与寒冷

透明与不透明　　触觉　　　肌理

坚硬与柔软　华贵与朴素　**生理刺激**　**感觉特性**　**知觉系统**　色彩

粗糙与光滑　　视觉　　　光泽

厚重与单薄

图2-11　材料的感觉特性图解

**生理属性** ◄----
朴素、亲切、温暖、凉爽等

**物理属性** ◄----
藤材温润的光泽、自然色彩、表面凹凸
起伏等

图2-12　藤编座椅感觉特性描述

包豪斯设计学院的伊顿教授曾说："当学生们陆续发现可以利用的各种材料时，他们就更加能创造出具有独特材质感的作品。"可见在产品设计中，对于材料感觉特性的了解是不可缺少的内容之一，它能给最初的设计创意提供多种不同的灵感来源，通过运用调和与对比、主从性、适合性和多样性等原则，为产品设计增添更多的附加值，图2-13为材料的感觉特性归纳。

材料的感觉特性分为物理属性和生理属性，物理属性主要是材料表面呈现出来的材料固有属性，比如肌理、色彩、质地和光泽等肉眼可见的特性。而生理属性则相对复杂，主要分为触觉质感、视觉质感、自然质感和人工质感。这里重点介绍生理属性的4个主要方面。

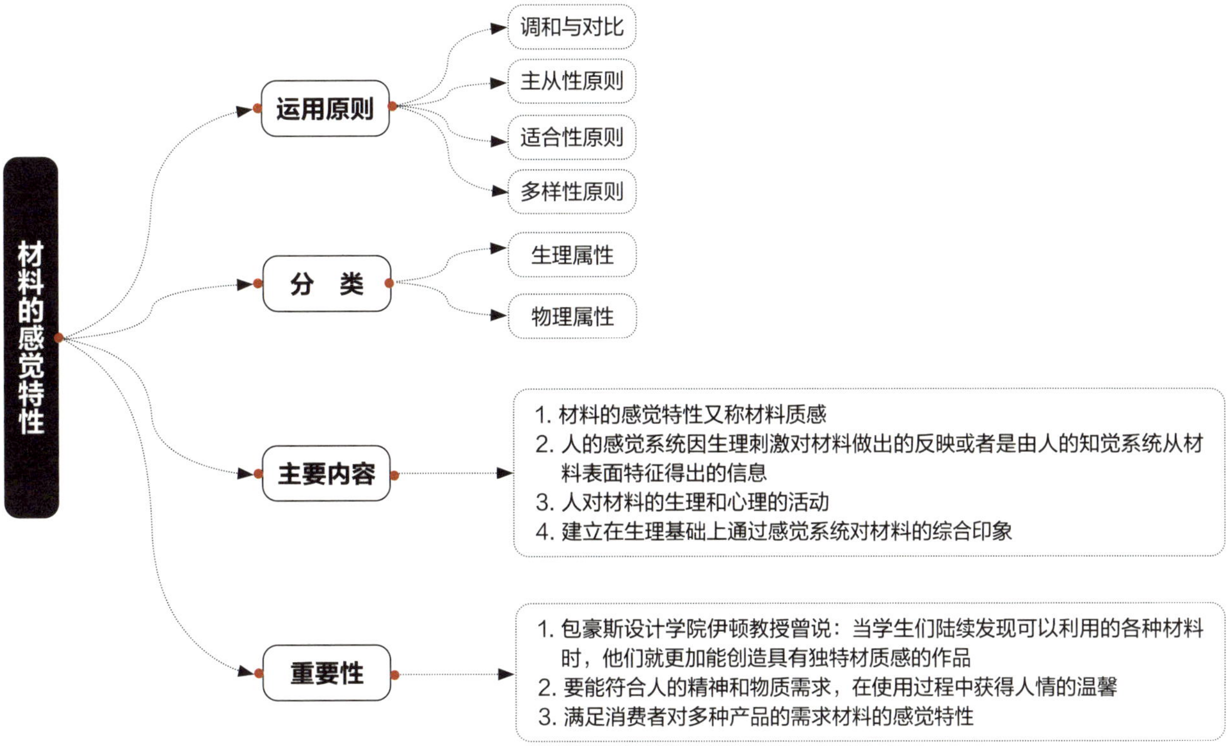

*Notes*

- 运用原则
  - 调和与对比
  - 主从性原则
  - 适合性原则
  - 多样性原则
- 分类
  - 生理属性
  - 物理属性
- 主要内容
  1. 材料的感觉特性又称材料质感
  2. 人的感觉系统因生理刺激对材料做出的反映或者是由人的知觉系统从材料表面特征得出的信息
  3. 人对材料的生理和心理的活动
  4. 建立在生理基础上通过感觉系统对材料的综合印象
- 重要性
  1. 包豪斯设计学院伊顿教授曾说：当学生们陆续发现可以利用的各种材料时，他们就更加能创造具有独特材质感的作品
  2. 要能符合人的精神和物质需求，在使用过程中获得人情的温馨
  3. 满足消费者对多种产品的需求材料的感觉特性

**材料的感觉特性**

图2-13  材料的感觉特性归纳

### （1）材料的触觉质感

触觉质感是一种综合性的感觉，是由于人的皮肤接触材料的表面，材料直接刺激接触部位的神经从而带给人的直接感受。触觉质感在产品设计中对于产品的舒适性、实用性、功能性、耐用性、多样性、个性化，以及新的交互体验等都有着非常重要的影响。图2-14对于触觉质感的定义、性质、对产品设计的重要性以及分类进行了概括和总结。

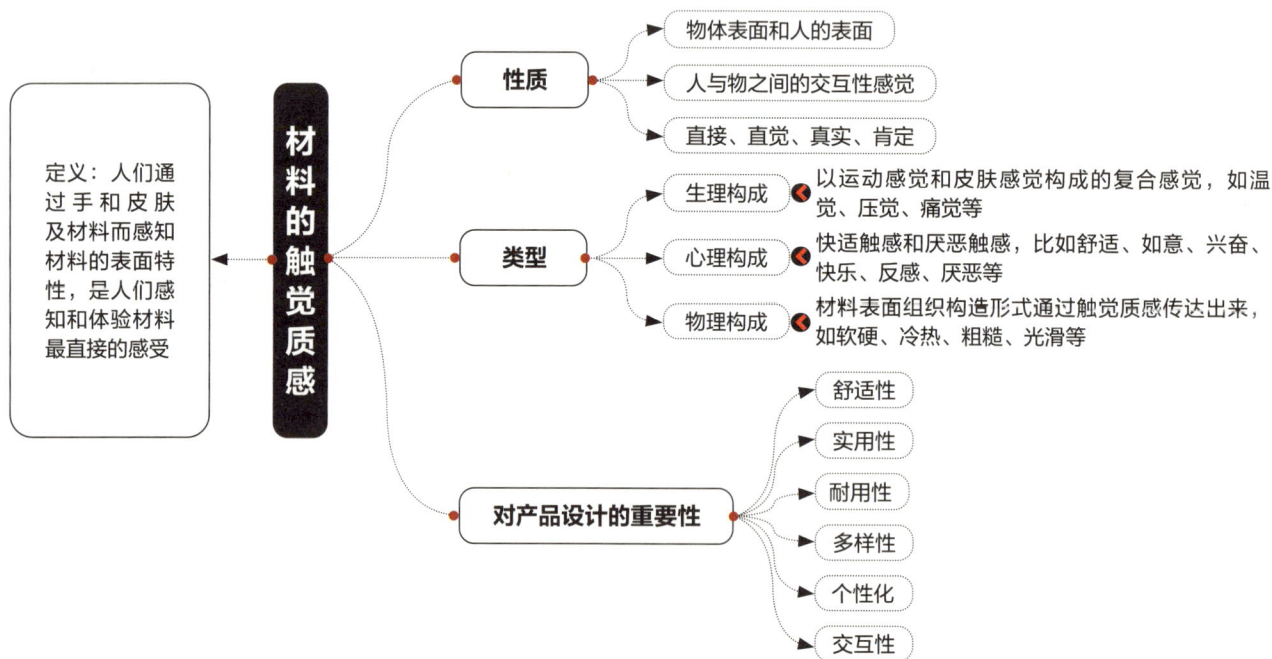

材料的触觉质感

定义：人们通过手和皮肤及材料而感知材料的表面特性，是人们感知和体验材料最直接的感受

性质
- 物体表面和人的表面
- 人与物之间的交互性感觉
- 直接、直觉、真实、肯定

类型
- 生理构成　以运动感觉和皮肤感觉构成的复合感觉，如温觉、压觉、痛觉等
- 心理构成　快适触感和厌恶触感，比如舒适、如意、兴奋、快乐、反感、厌恶等
- 物理构成　材料表面组织构造形式通过触觉质感传达出来，如软硬、冷热、粗糙、光滑等

对产品设计的重要性
- 舒适性
- 实用性
- 耐用性
- 多样性
- 个性化
- 交互性

图2-14　材料的触觉质感归纳

## 案例分析

在家居产品设计中，熟练地运用各种材料的触觉质感，可以很好地提升产品在使用上的舒适性，图2-15是一款在日本流行的杯子，因为在手握的部位有一层硅胶隔热套，采用防烫材质并做了波纹处理，既防烫、防滑，又容易拿握，使用舒适，从而让更多的使用者喜欢这款产品。

此外，材料的触觉质感还可以通过不同肌理质地的组合来丰富产品的造型，同时也给用户带来更多新的体验。

图2-15　一款流行的杯子

## （2）材料的视觉质感

从图2-16材料的视觉质感归纳可以看出，材料的视觉质感是材料被眼睛感受后，经大脑综合处理产生的一种对材料表面特征的感觉和印象，对于非常熟悉的材料，人们可以根据已有的触觉经验，通过视觉印象进行初步判断。

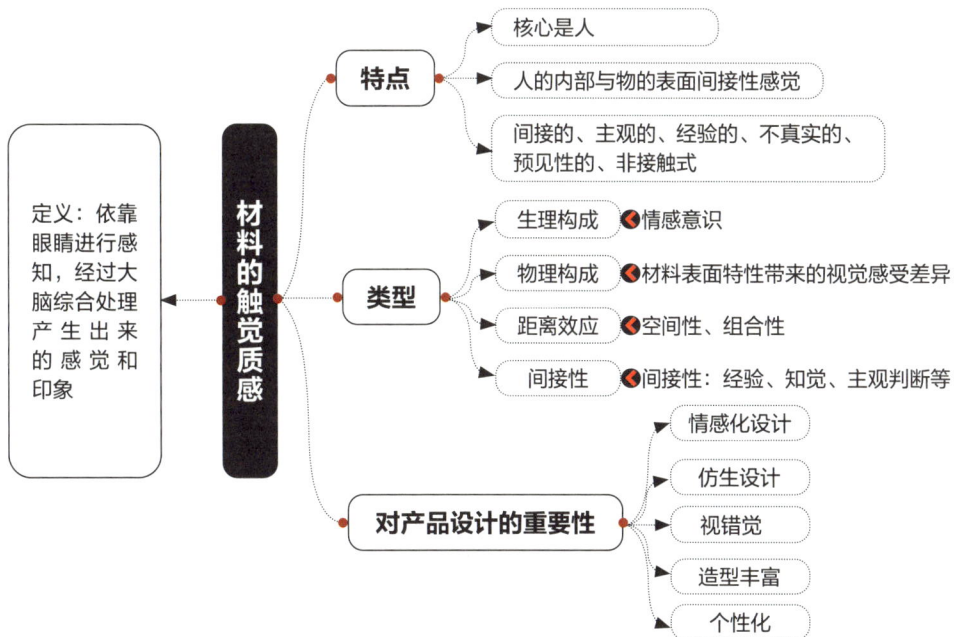

**定义**：依靠眼睛进行感知，经过大脑综合处理产生出来的感觉和印象

**材料的触觉质感**

**特点**
- 核心是人
- 人的内部与物的表面间接性感觉
- 间接的、主观的、经验的、不真实的、预见性的、非接触式

**类型**
- 生理构成 ◀ 情感意识
- 物理构成 ◀ 材料表面特性带来的视觉感受差异
- 距离效应 ◀ 空间性、组合性
- 间接性 ◀ 间接性：经验、知觉、主观判断等

**对产品设计的重要性**
- 情感化设计
- 仿生设计
- 视错觉
- 造型丰富
- 个性化

图2-16　材料的视觉质感归纳

材料的视觉质感主要包括生理构成、物理构成、距离效应和间接性4种类型，从图2-17所示的视觉反应流程可看出，材料的视觉质感核心是人，是人的内部与物的表面间接性的感觉，这种感觉是主观的、经验的、不真实的、预见性的、非接触式的，这些都构成了视觉质感的内在属性。在设计中充分利用好这些属性，可以带来很多意想不到的创意设计点，比如情感化设计、仿生设计、视错觉等，对于产品造型的丰富性以及个性化都是很有帮助的。

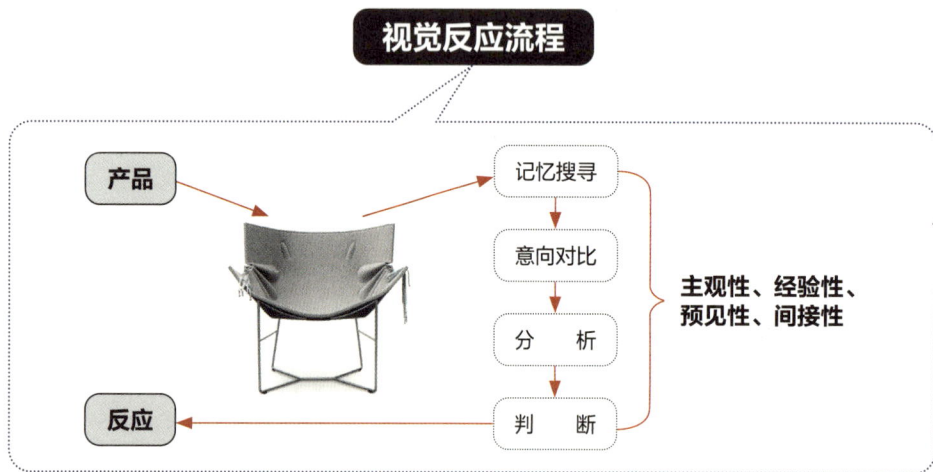

图2-17　视觉反应流程示意图

图2-18中这3把椅子均为金属细管的腿，座面的材料却给人完全不同的视觉效果：是金属？是塑料？是布艺？是毛毡？每一件产品传达出的信息和观看者反馈的信息是有差异的。材料的这种视觉质感也造就了产品设计的千差万别。

此外，触觉质感和视觉质感的特性尽管因感知器官不同而有所差异，但总体的感知结果实际上还是趋于一致的，表2-1中归纳的是触觉质感和视觉质感的特性比较，从中我们可以更加明确这两种质感的特性，并能更好地在设计过程中进行灵活运用。

表2-1　触觉质感和视觉质感的特性对比

| 类别 | 感知 | 生理性 | 性质 | 质感印象 | 意识形态 |
|---|---|---|---|---|---|
| 触觉质感 | 人的接触式+物的表面 | 皮肤（触觉） | 直接、体验、近测、知觉、真实、单纯、肯定 | 软硬、冷暖、粗细、钝刺、滑涩、干湿 | 形而下—物质的 |
| 视觉质感 | 人的非接触式+物的表面 | 眼睛（视觉） | 间接、经验、直觉、远测、不真实、综合、估量 | 脏洁、雅俗、枯润、疏密、死活、贵贱 | 形而上—精神的 |

图2-18 不同材料的座椅视觉效果对比

*Notes*

## 案例分析

图2-19和图2-20中的轮胎和木材，远看具有明显的层次感、立体感和空间感，而近看，则能够清晰地看到表面独特的肌理图案，这是距离效应产生的质感差异。

图2-19　轮胎远观与近看之间肌理差别

图2-20　木材从远观到微观结构之间的肌理差别

图2-21　红砖从远观到近看之间肌理差别

图2-22　竹材从远观到近看之间肌理差别

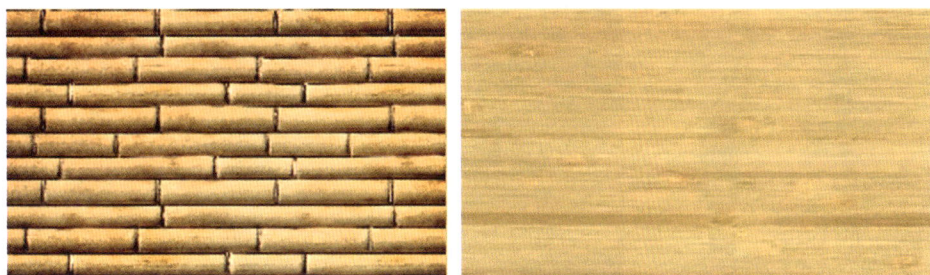

图2-21和图2-22中的红砖和竹材，用眼睛就可以感受到粗糙和光滑的质地差异，这也正是视觉质感的物理构成，人们通过眼睛直接捕捉到的材料差异性。而在纸上印刷木纹、布纹、石纹等，会造成一种视觉上的假象，这种视错觉在产品设计中被广泛使用。

### （3）材料的自然质感与人工质感

材料的自然质感是未经人为加工的质感，均属于自然质感，而材料的人工质感是指人有目的地对材料表面进行加工处理，使其具有自身非固有的表面特征，图2-23对两者进行了归纳，异同点一目了然。

人工质感更加强调人为加工的工艺美感和技术美感，如图2-24中所示的3D打印产品。图2-25是竹材产品的自然质感，与人工质感形成明显的对比。

在产品设计中，人们对材料感觉特性进行不断的研究，并形成了相应的评价标准，表2-2中对7种常用的产品设计材料进行了有针对性的描述，在产品设计过程中，可以参考表中给出的某种材料的感觉特性，找到切合某一主题的材料，比如要体现强烈的科技感和现代感，那么在材料上首选金属材料，其次是玻璃。所以，了解对材料感觉特性的评价，有助于在设计中更加合理地使用材料。

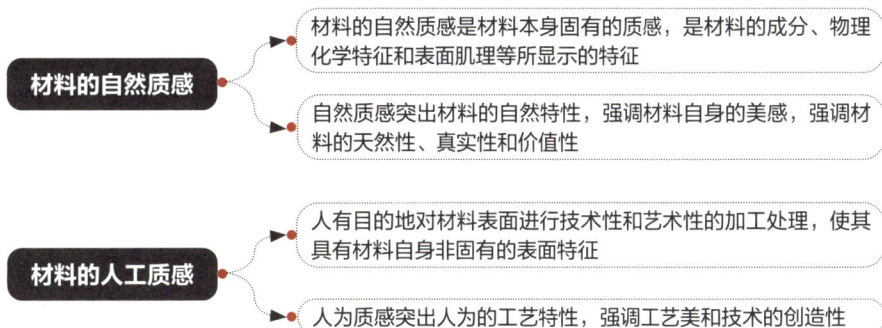

**材料的自然质感**
- 材料的自然质感是材料本身固有的质感，是材料的成分、物理化学特征和表面肌理等所显示的特征
- 自然质感突出材料的自然特性，强调材料自身的美感，强调材料的天然性、真实性和价值性

**材料的人工质感**
- 人有目的地对材料表面进行技术性和艺术性的加工处理，使其具有材料自身非固有的表面特征
- 人为质感突出人为的工艺特性，强调工艺美和技术的创造性

图2-23　材料的自然质感与人为质感归纳

图2-24　3D打印产品呈现的
人工质感

表2-2　材料的感觉特性描述

| 材料 | 感觉特性描述 |
| --- | --- |
| 木材 | 自然、协调、亲切、古典、手工、温暖、粗糙、感性 |
| 金属 | 人造、坚硬、光滑、拘谨、现代、科技、冷漠、笨重、理性 |
| 塑料 | 人造、轻巧、细腻、艳丽、优雅、理性 |
| 玻璃 | 高雅、明亮、光滑、时髦、干净、整齐、协调、自由、精致 |
| 皮革 | 柔软、浪漫、手工、温暖、复古、感性 |
| 橡胶 | 人造、低档、阴暗、束缚、笨重、呆板 |
| 陶瓷 | 高雅、明亮、时髦、整齐、精致、凉爽 |

图2-25 竹材产品呈现的自然质感

## 2.2.4 材料的美感

材料的美感是人们通过视觉、触觉和听觉，在接触材料时所产生的一种赏心悦目的心理状态，它是产品形态美的一个重要方面，图2-26对材料的美感的定义及构成因素进行了总结。

在产品设计中应充分考虑材料自身的不同个性，对材料进行巧妙地组合与运用，使其各自的美感得以完美地呈现，形成符合人们审美追求的各种产品，如图2-27所示，同为灯具，由于采用了树脂、水泥、木片等不同材料，而呈现出不同的使用方法、结构方式和发光效果。

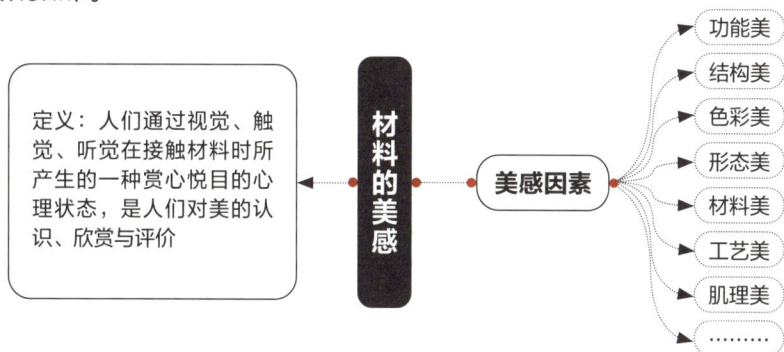

定义：人们通过视觉、触觉、听觉在接触材料时所产生的一种赏心悦目的心理状态，是人们对美的认识、欣赏与评价

材料的美感

美感因素 —— 功能美、结构美、色彩美、形态美、材料美、工艺美、肌理美、……

图2-26 材料的美感定义及构成因素

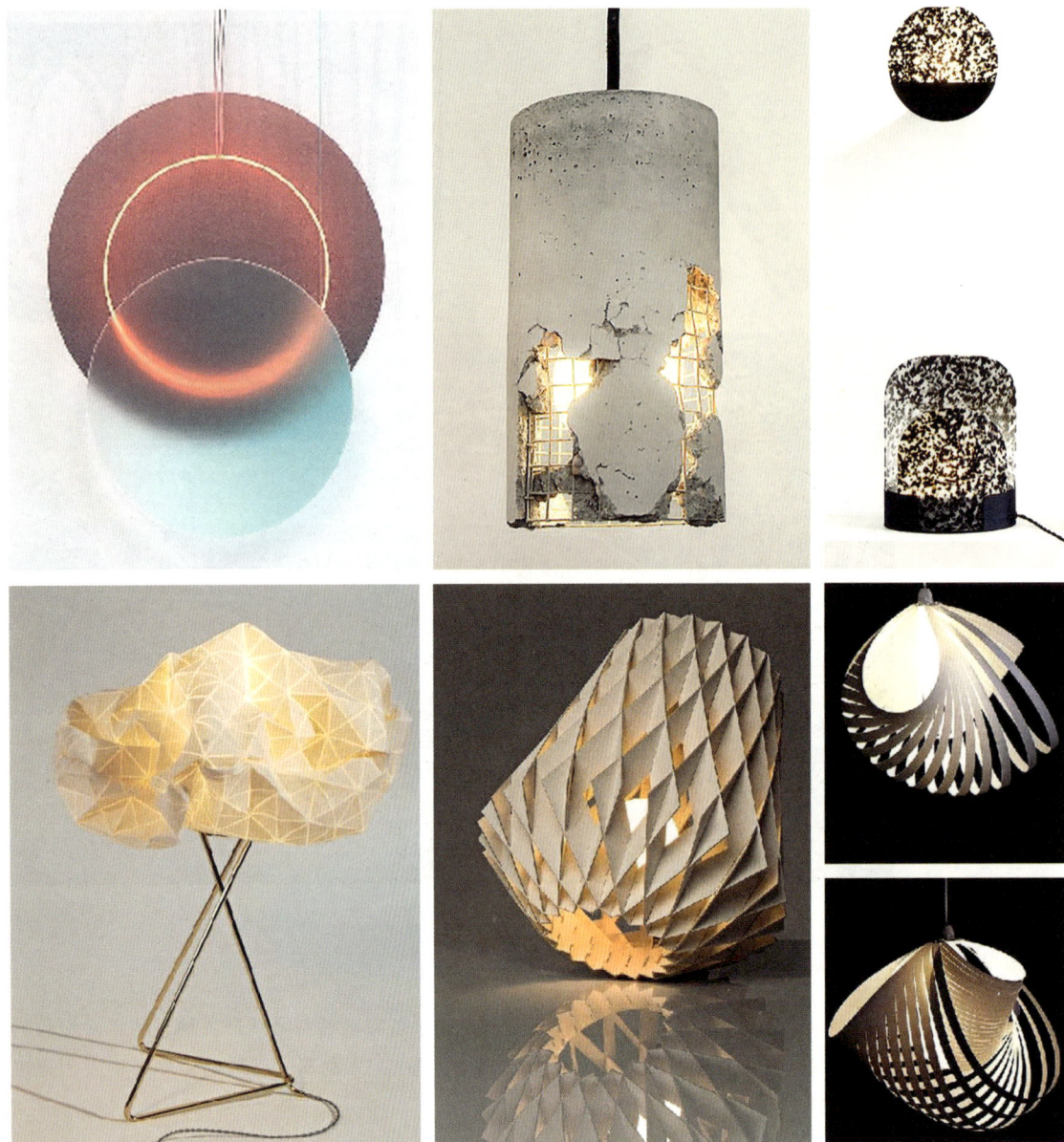

图2-27　不同材料的产品呈现的不同美感

*Notes*

# 3

木质材料

木质材料主要是指实木和木质人造板。实木是一种历史久远的传统天然材料，而木质人造板是将木刨花、木纤维等木质原材料综合利用的合成材料。在科技手段和新材料层出不穷的今天，木材自然朴素的特性仍令人感觉亲切，在设计应用中占有十分重要的地位，因此，对于设计师来说，正确识别木质材料种类，了解各种木质材料特性及加工工艺是非常重要的，并且这也是一个需要长期积累经验的过程。

# 3.1　木材的基础知识

## 3.1.1　木材的分类

在大自然中有许多种类的木材，按照树种分，可将自然界中的木材分为针叶材和阔叶材两大类（图3-1），也可称为软木和硬木。

硬木（阔叶材）多取自阔叶树，其主要特点如下：

①树干通直，强度大，纹理自然美观，质地坚实，经久耐用。

②家具框架结构和表面装饰的主要用材。

③常用的硬木有榆木、水曲柳、柞木、橡木、胡桃木、桦木、樟木、楠木、黄杨木、泡桐、紫檀、花梨木、桃花心木、色木等。

④易加工的有水曲柳、泡桐、桃花心木、橡木、胡桃木等。

⑤不易加工的有色木、花梨木、紫檀等。

软木（针叶材）多取自针叶树，其主要特点如下：

①树干通直高大，纹理平顺，材质均匀，木质较软而易于加工。

②表面密度和胀缩变形小、耐腐蚀性强。

③常用的软木有红松、白松、冷杉、云杉、柳桉、马尾松、柏木、油杉、落叶松、银杏等。

④易于加工的有冷杉、红松、银杏、柳桉、白松等。

⑤一般会有节疤，需要处理才能用于产品制作。

图3-1　阔叶材和针叶材

## 3.1.2　木材的构造

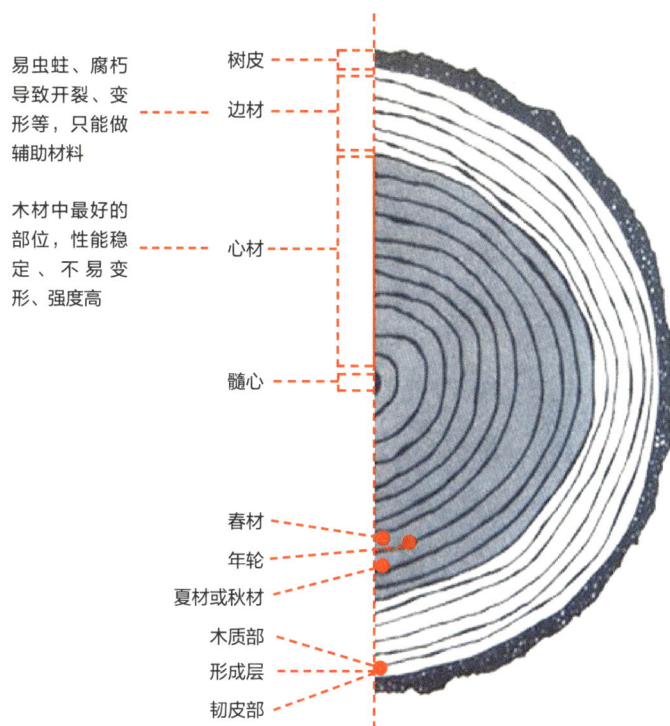

易虫蛀、腐朽导致开裂、变形等，只能做辅助材料

树皮
边材

木材中最好的部位，性能稳定、不易变形、强度高

心材

髓心

春材
年轮
夏材或秋材
木质部
形成层
韧皮部

图3-2　树干的构造

当一棵树被砍伐下来，其横截面呈现的树干构造如图3-2所示，树干的最外层是树皮，树皮是树木的保护层，也是储藏养分输送养分的渠道。靠近树皮一侧，颜色较浅的部位是边材，靠近髓心且颜色较深的部位是心材。心材和边材是板材常用的部位，相比较而言，心材密度更好、性能稳定，是木材中最好的部位。

木材的3个切面对于认识木材是非常重要的，了解木材的3个切面对于合理利用木材具有很重要的意义。木材的纹理在不同的切面呈现不同的形式，图3-3为木材的3个切面。由于木材是天然形成的，不可能有完美的形状，所以各种纹理并不规则，节疤、虫眼等都会导致纹理的变化，再加上不同的切割角度，因此造就了木材纹理的千变万化，展现了木材作为天然材料的特殊美。

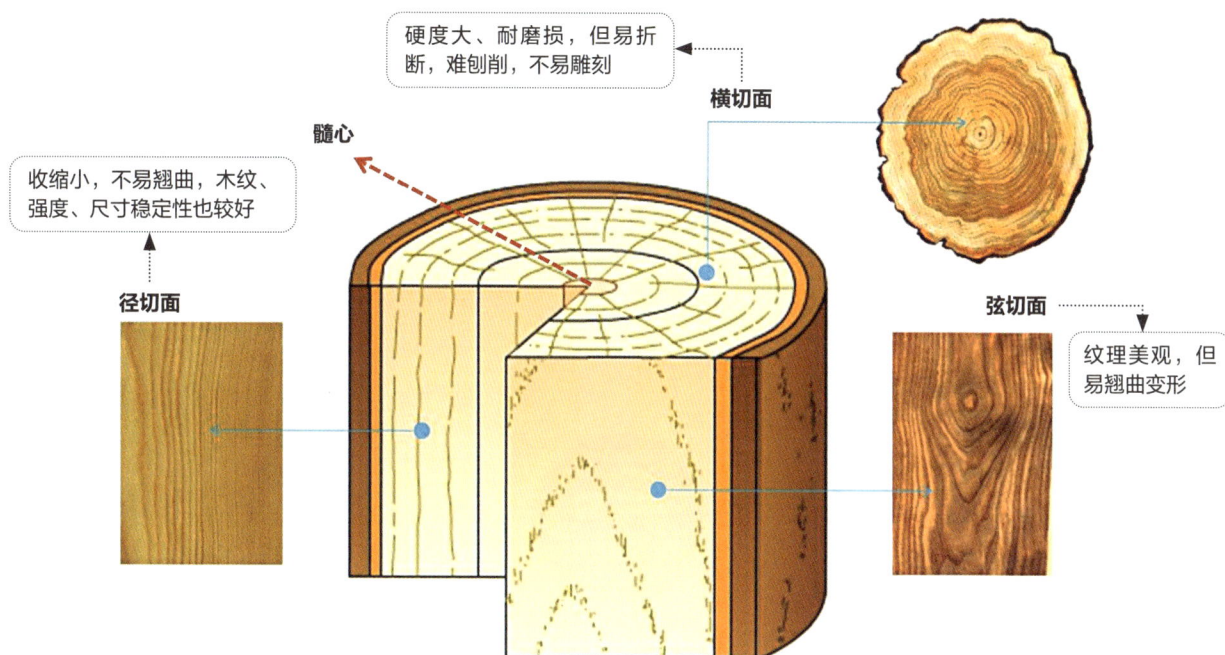

硬度大、耐磨损，但易折断，难刨削，不易雕刻

横切面

髓心

收缩小，不易翘曲，木纹、强度、尺寸稳定性也较好

径切面

弦切面

纹理美观，但易翘曲变形

图3-3　木材的3个切面

# 3.2　木材的性能

## 3.2.1　木材的固有性能

　　木材在自然生长过程中，由于树种的不同和生长条件的差异，形成了在物理、力学、化学等方面独有的特性。木材是各向异性的材料，即使是同一树种的木材，因产地、生长条件和部位的不同，它的性能也会有很大的差异，所以，了解木材的性能可以更好地利用木材。图3-4对木材的一些重要特性进行了归纳。

## 3.2.2　木材的感觉特性

　　木材的感觉特性主要体现在图3-5中归纳的6个方面，这对于了解与应用木材有一定的帮助。

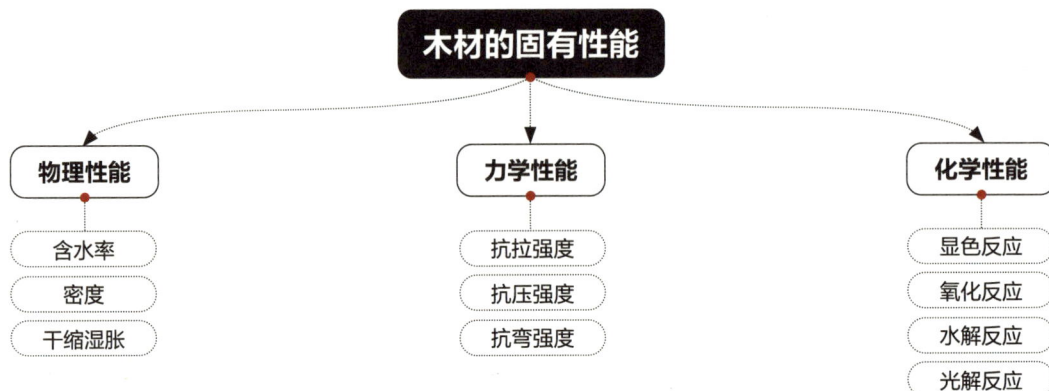

**木材的固有性能**

| 物理性能 | 力学性能 | 化学性能 |
| --- | --- | --- |
| 含水率 | 抗拉强度 | 显色反应 |
| 密度 | 抗压强度 | 氧化反应 |
| 干缩湿胀 | 抗弯强度 | 水解反应 |
|  |  | 光解反应 |

图3-4　木材的固有性能

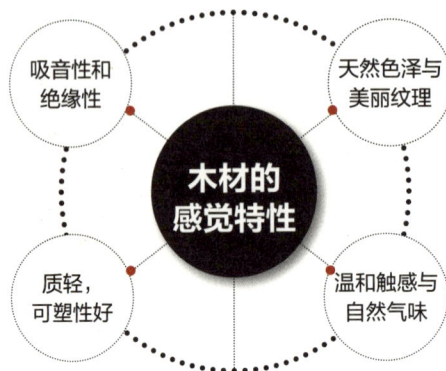

**木材的感觉特性**

- 吸音性和绝缘性
- 天然色泽与美丽纹理
- 质轻，可塑性好
- 温和触感与自然气味

图3-5　木材的感觉特性

### 3.2.3 木材的缺陷及其利用

木材的缺陷主要是干缩湿胀和生长缺陷，其缺陷具体形式与利用方式归纳如图3-6所示。

（1）干缩湿胀

由于木材具有各向异性的特点，木材在各个方向的干缩湿胀都存在差异，从而导致木材会出现开裂翘曲等缺陷，在用木材进行产品设计时，可以在结构与工艺上注意以下几个方面。

①为避免木材变形开裂要采用线型板材。如图3-7所示，尽量避免采用大幅面的实木板，最好通过窄板拼接进行加长、加宽处理，使木材受力相互制约而达到受力平衡和稳定。这样运用线型板材是避免大面积板材变形翘曲的有效途径之一。

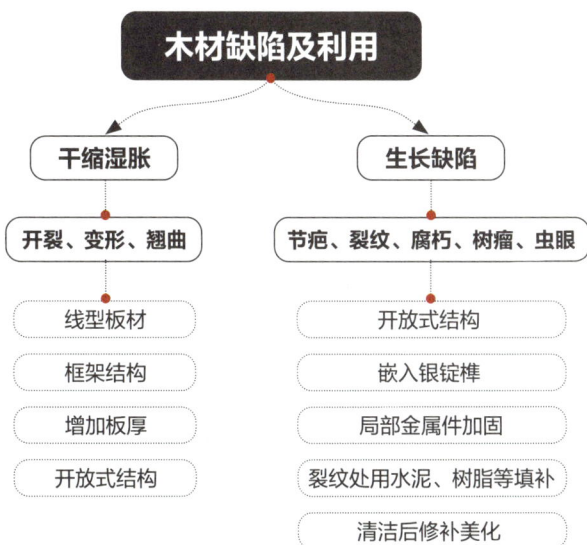

图3-6 木材缺陷及利用

▶ 采用**线型板材**，通过**拼接、加长、加宽**等方法处理，可以避免变形开裂
▼ 大面积板材，易变形开裂

图3-7 减少木材变形开裂的方法示意图

一般来说，如图3-8所示，木材在顺纹理方向容易开裂，在厚度方向容易弯曲。在单板拼接时，特别注意相邻板材的纹理方向须相反，会比较好地平衡受力，使板材稳定，如图3-9所示。

②采用攒框装板结构。如图3-10所示，4个边框中间为嵌板，边框与嵌板之间因为是嵌入式结构而保留了一定的伸缩缝，同时可增加穿带，这样的结构对于大幅面的实木板来说是相对稳定的结构形式，即便木材受到环境湿度影响发生干缩湿胀时，嵌板也不会因此而发生太大的变形。

③增加厚度和采用开放式结构。同样长宽尺寸的实木板材，厚度越大，其稳定性越好；厚度越小，越容易发生弯曲变形。开放式结构指不对板材设置约束，让其有自由伸缩的条件和空间，这样不管湿度如何变化，木材的弯曲变形也不会太剧烈。

（2）裂纹、节疤、腐朽与虫眼等缺陷

树木在自然生长的过程中，因受外力作用或温湿度变化等的影响，会出现如裂纹、树瘤、虫眼、腐朽等缺陷，这些缺陷导致木材的强度受到很大的影响，不能用作产品的承重部件。但是可以对这些缺陷进行一些处理，更充分地利用木材，变废为宝。

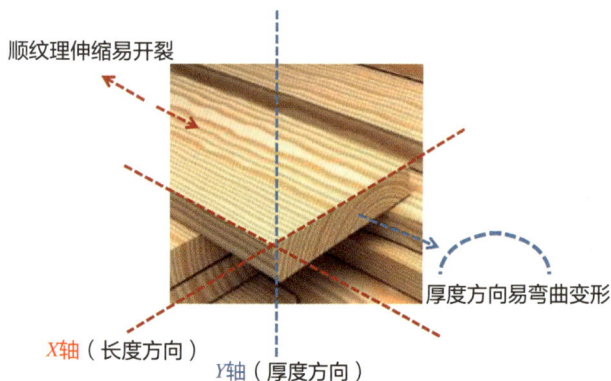

图3-8　木材开裂变形与纹理方向示意图

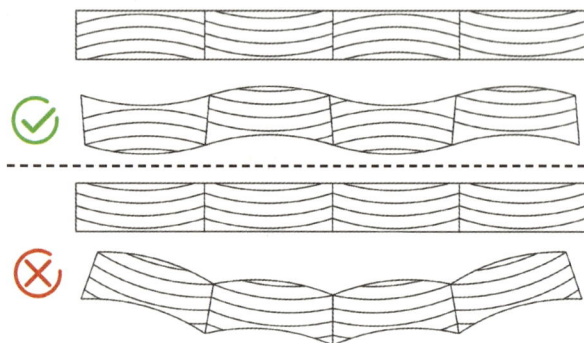

图3-9　单板拼接纹理方向示意图

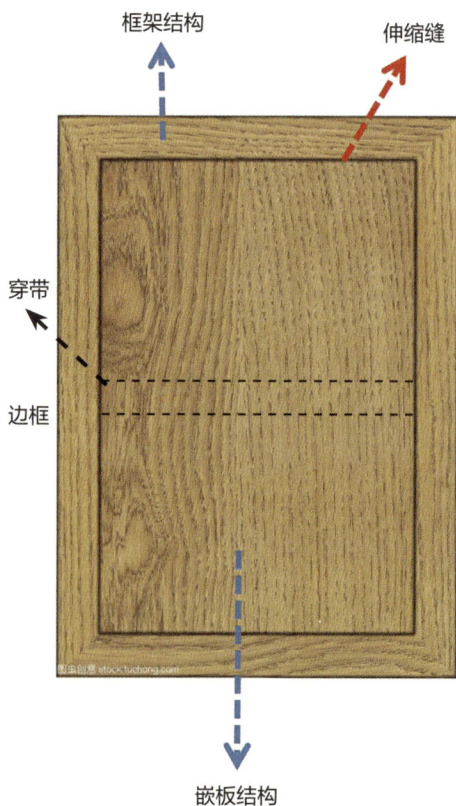

图3-10　实木的框架结构示意图

# 3.3 实木加工工艺

## 3.3.1 实木产品的加工工艺流程

实木产品的加工工艺要求每个构件在加工前，根据被加工构件的形状、尺寸、加工精度等相关的技术要求，选择合适的加工方法、加工设备来制定适宜的工艺流程。

实木产品的加工工艺过程如图3-11所示，包括木材干燥、配料、加工、打磨、组装、涂饰等工序。其中加工过程还要根据产品的具体结构与造型特征，选择最适合的加工方式。

## 3.3.2 实木成型加工工艺

实木的成型加工是对已经干燥好的木材进行加工，包括拼接加工、部件接合、组装连接、弯曲成型和表面涂饰。如图3-12归纳了实木成型加工工艺。

（裁切、铣型、弯曲、雕刻、镶嵌、榫卯、打孔……）

干燥 ┈▶ 配料 ┈▶　　　　　　┈▶ 加工 ┈▶　　　　　┈▶ 打磨 ┈▶ 组装 ┈▶ 涂饰 ┈▶ 成品

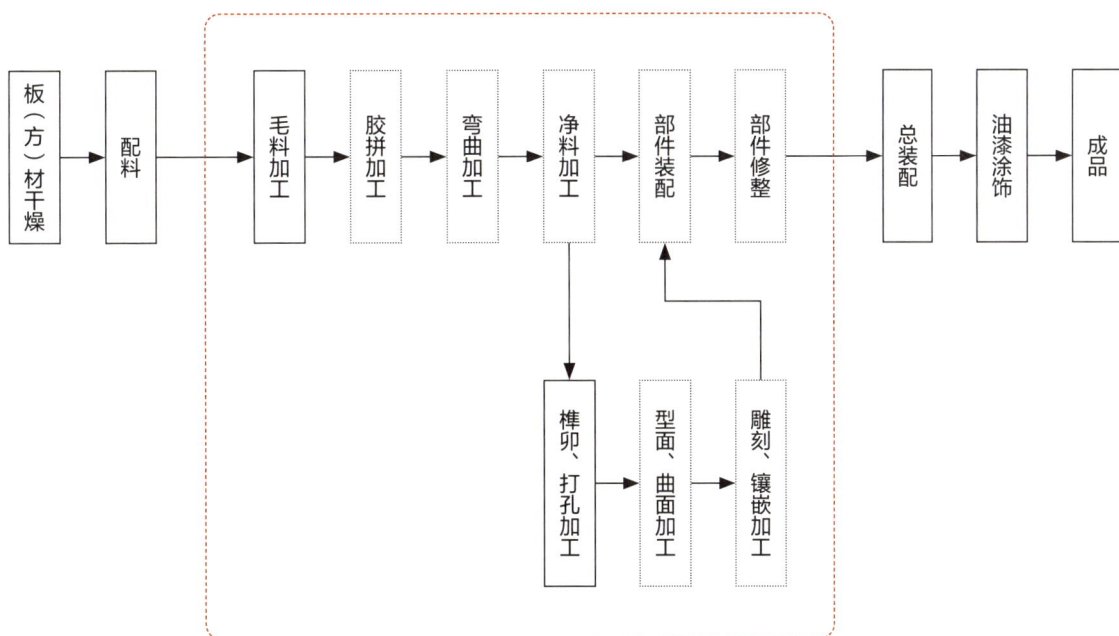

图3-11　实木产品的加工工艺流程简图

**目的与意义**
①预防木材腐朽变质和虫害
②防止木材的变形和开裂
③减轻木材的重量
④提高木材的力学强度，改善木材的物理性能

**木材干燥**

**参考值**
①木材平衡含水率受大气湿度的影响，因地区而不同
②在我国，木材平衡含水率在北方约12%左右，在南方约18%左右，其中华中地区约16%左右

**实木成型加工**

**拼接加工**
加长
加宽

**部件接合**
榫卯接合
胶钉接合
连接件接合

**组装连接**
框架结构
板式结构

**弯曲成型**
水煮软化成型
冷压或热压成型
手工弯曲
V形或U形槽折叠成型

**表面涂饰**
大漆
木材涂料

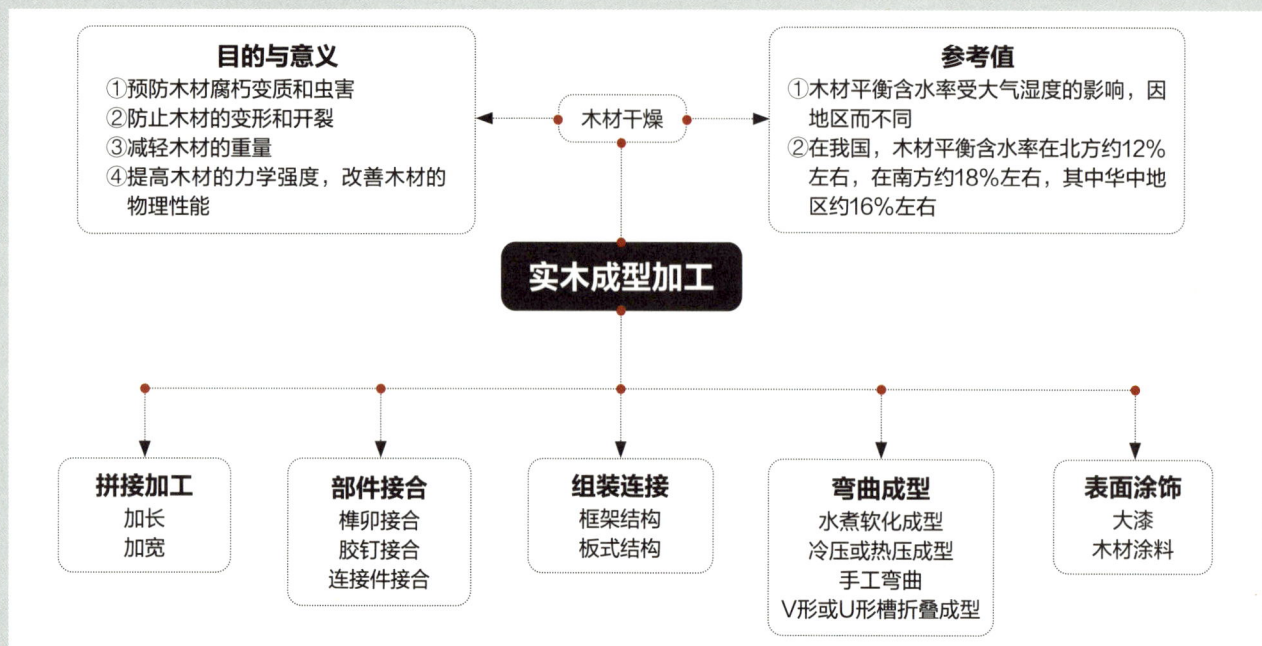

图3-12　实木成型加工工艺归纳

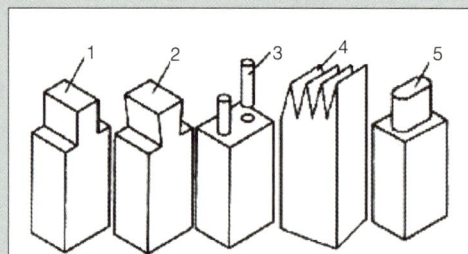

1-直角榫；2-燕尾榫；3-圆棒榫；4-梳齿榫；5-椭圆榫
图3-13　榫头的形状

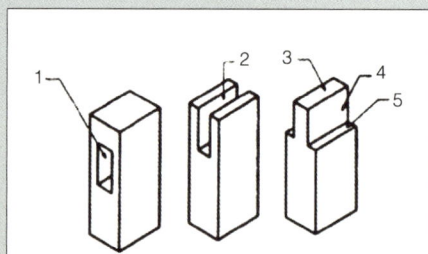

1-榫孔；2-榫槽；3-榫端；4-榫颊；5-榫肩
图3-14　榫结构各部位名称

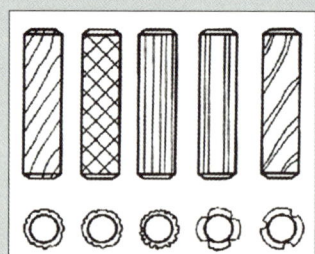

图3-15　圆棒榫

（1）木材干燥

实木在加工前必须是已经干燥好的，充分干燥的木材可以有效地避免腐朽、变质与虫害，可以减少木材变形与开裂，减轻木材的重量，提高木材的力学强度，改善木材的物理性能等。一般来说，干燥好的木材在北方的含水率为12%左右，南方为18%左右，华中地区为16%左右。

（2）部件接合

实木部件的接合方式主要有3种：榫卯接合、胶钉接合和连接件接合。其中榫卯接合是传统方式也是最坚固耐用的方式。

图3-13和图3-14介绍了常用榫头的形状和榫卯各部位的名称，榫头包括直角榫、燕尾榫、圆棒榫、梳齿榫和椭圆榫。这里重点介绍圆棒榫（图3-15）。圆棒榫一般外壁上会有不同形式的凹槽，这是为了在连接零部件时能够增加胶合面积，提升胶合强度。

实木产品除了通过榫卯结构进行接合，胶钉接合也比较简便，接合强度较榫卯接合低，一般应用于背板、抽屉滑道等不外露处，以及对接合强度要求较低的部位，但是多次拆装会大大降低接合强度。

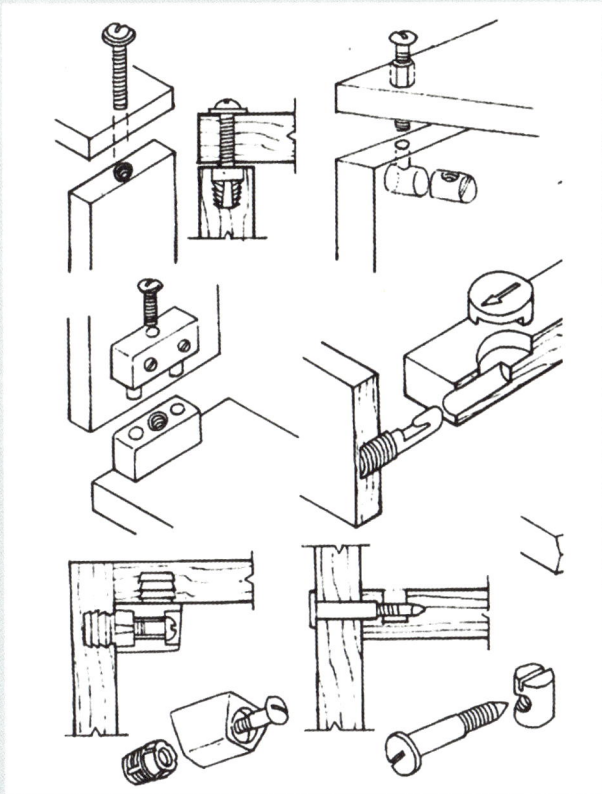

图3-16 五金件结合的拆装结构示意图

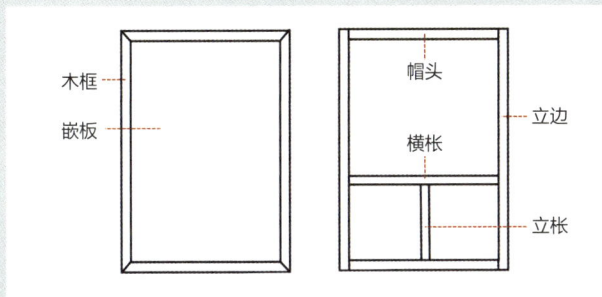

图3-17 实木框架结构的部位名称

在连接件连接中，要根据不同部位的要求选择相适应的连接件。家具常用的五金连接件有铰链、抽屉滑轨、偏心连接件、螺钉、铆钉、子母组合螺母等多种不同种类和形式。

（3）组装连接

实木的组装连接方式主要包含榫卯接合和五金件接合结构，其中五金件接合属于现代家具连接方式，如图3-16，各部件可以通过连接件进行组装，形成可拆装结构，比如宜家的家具基本都是可以拆装的，它的好处是运输方便，可以现场组装。但是由于实木本身的特点，这样的拆装结构不适合多次拆装，会减弱部件之间接合的牢固度。

实木的攒框装板结构是相对坚固耐用的，也是应用最广的，如图3-17和图3-18所示。一般有4个木边框，角部以45°角接合，组成1个框架，中间为嵌板，嵌板背面有穿带，这样可以很好地减少嵌板变形，各零件之间相互制约、受力均衡，像座面、门板等，都采用这样的结构，牢固耐用。

（4）拼接加工

实木的拼接加工包括加长和加宽，其中加长可以通过斜面拼（插入圆榫斜拼）、齿榫拼3种主要形式，如图3-19所示。

板材拼接加宽有平拼、搭口拼、企口拼、插入榫拼、穿条拼、螺钉拼等形式，如图3-20，主要用于制作桌面、台面、座面、门板等。这样的拼接方式经久耐用，尺寸稳定，变形和开裂较少。

图3-18 攒框装板结构分解示意图

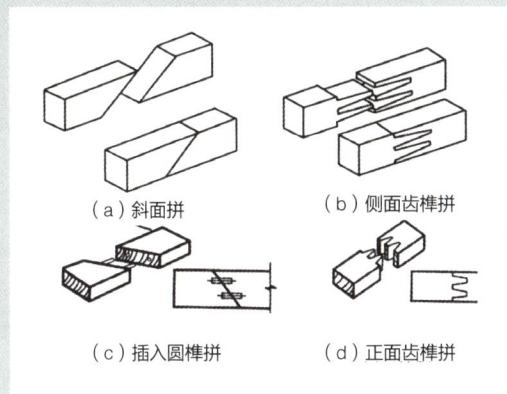

（a）斜面拼　（b）侧面齿榫拼
（c）插入圆榫拼　（d）正面齿榫拼

图3-19 实木拼接加长

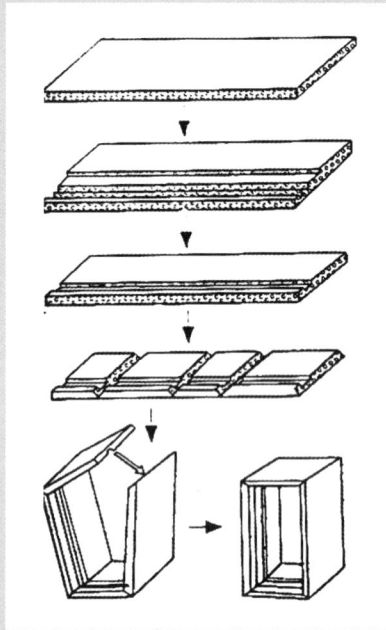

（a）V形槽弯折成型

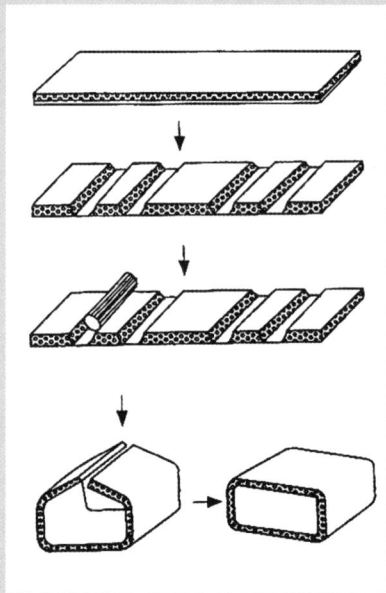

（a）平拼　　　　　　（b）搭口拼　　　　　　（c）企口拼

（d）插入榫拼　　　　　（e）穿条拼　　　　　　（f）螺钉拼

图3-20　板材拼接加宽

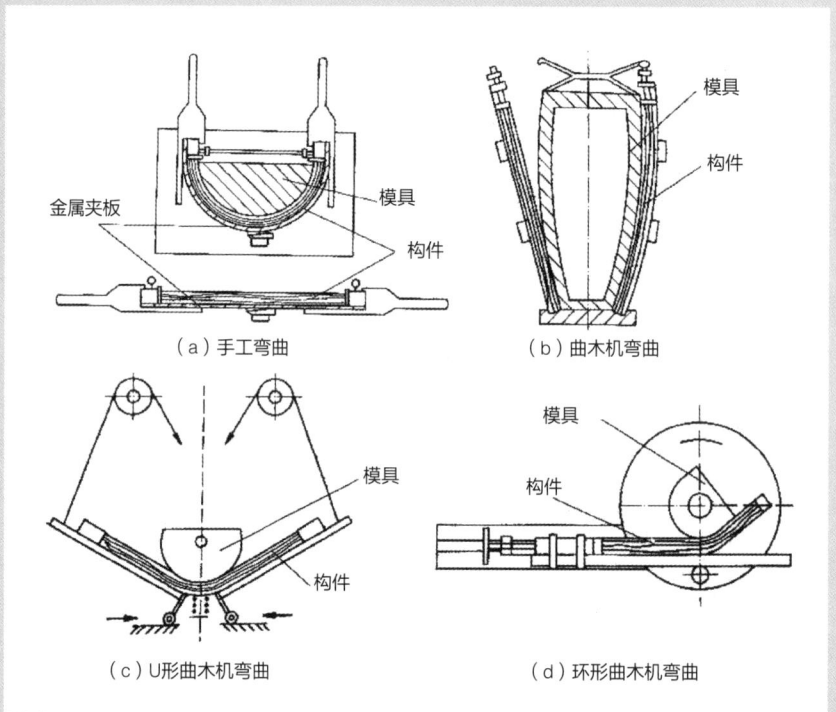

（b）U形槽弯折成型

图3-21　横向锯制弯折成型

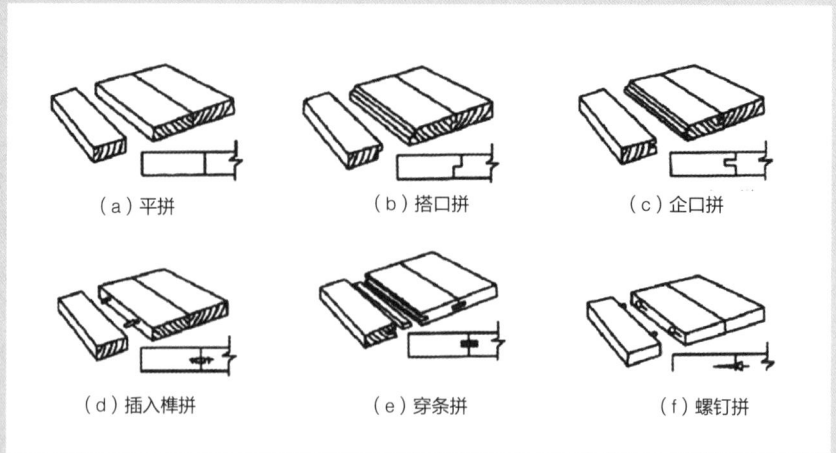

金属夹板　　　模具　　构件

（a）手工弯曲

模具　　构件

（b）曲木机弯曲

模具　　构件

（c）U形曲木机弯曲

模具　　构件

（d）环形曲木机弯曲

图3-22　常见弯曲成型方法

## （5）弯曲成型

弯曲成型是指利用模具通过对实木加压的方式，制作实木产品中多种曲线型零部件的过程。弯曲成型的多种木质构件与产品，具有形态优美、线条流畅、受力性能好、材料利用率高等特点。在实木产品中常用的弯曲成型方法有水煮软化成型、冷压或热压成型、弯曲机手工弯曲、开取V形槽或U形槽后弯折成型等方式，如图3-21、图3-22所示。

# 3.4 木质人造板的加工工艺

木质人造板是指利用木材、木质碎料或其他植物纤维末原料，用机械加工的方法将其分解成不同的单元，经过干燥、施胶、铺装、预压、热压、锯边、砂光等一系列加工工艺而成的板材。木质人造板的重点内容如图3-23所示。

## 3.4.1 分 类

### （1）单板（木皮）

单板（图3-24）是加工胶合板、多层板、细木工板等人造板的重要基材，因为直接取材于原木，其纹理和手感都具有实木的特征，油漆上色也比较容易。目前市场上有很多实木贴面的人造板家具，它的优势在于比纯实木家具相对稳定，劣势是没有实木家具环保。

单板依据加工工艺的不同，分为旋切单板和刨切单板，其加工工艺示意如图3-25所示。旋切单板一般用于生产胶合板和单板层积材；刨切单板一般很薄，可覆贴在刨花板、纤维板和胶合板等板材的表面上使用，是高档家具、乐器及建筑装饰的主要材料。

定义：利用木材、木质碎料或其他植物纤维末原料，用机械加工的方法将其分解成不同单元，经过干燥、施胶、铺装、预压、热压、锯边、砂光一系列加工工艺而成的板材

**木质人造板**

**分类**
- 单板（木皮）
- 胶合板
- 纤维板
- 刨花板
- 细木工板
- 集成材

**连接方式**
- 32mm系统
- 五金件连接

**表面装饰**
- 表面涂饰装饰
- 表面贴覆装饰
- 机械加工装饰

图3-23 木质人造板材归纳

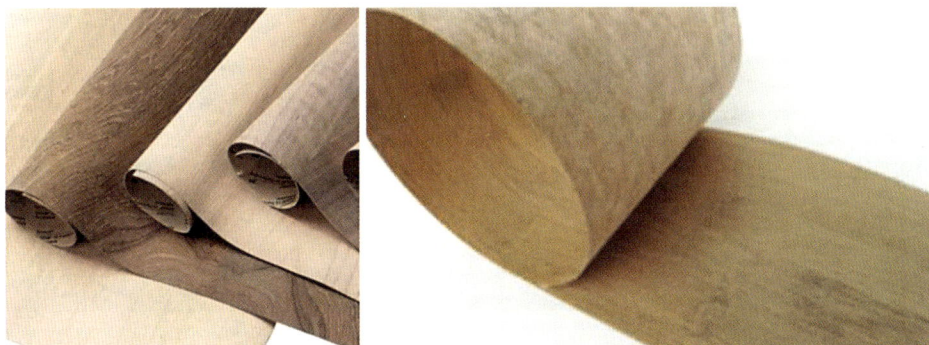

图3-24 单板实物图

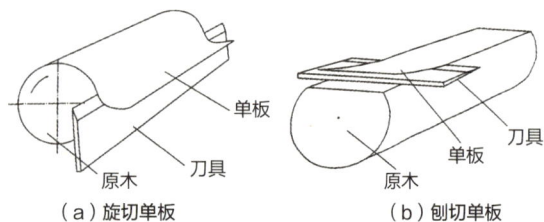

（a）旋切单板　　　　（b）刨切单板

图3-25　单板（木皮）加工工艺示意图

（a）低密度纤维板

（b）中密度纤维板

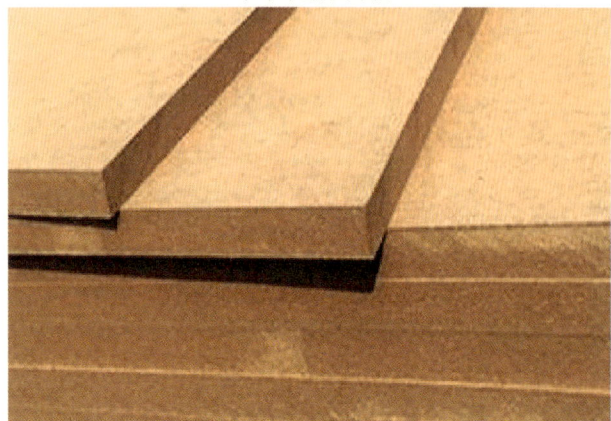

（c）高密度纤维板

图3-26　纤维板种类

**（2）纤维板**

纤维板是以木材或植物纤维为原料，通过热压或胶黏剂合成的板材，从工艺过程看，采用胶黏剂存在环保问题。根据国家有关标准，纤维板按照其游离甲醛含量的多少可分为E0级、E1级、E2级，其中E0级和E1级为优质板材。根据其密度可分为低密度纤维板、中密度纤维板和高密度纤维板，如图3-26所示，低密度纤维板一般用在大衣柜等家具的背板以及不承重的部位。中密度纤维板和高密度纤维板用来做承重构件。常用规格为2440mm×1220mm，厚度有3mm、5mm、9mm、12mm、15mm、18mm、25mm等。

**（3）刨花板**

刨花板是由短小的木刨花与胶黏剂胶合而成，如图3-27所示。刨花板等级有如下标准：中国及欧洲的标准是E0和E1，日本是F，用★代表等级。美国的标准非常严格，包括P1、P2和NAF，NAF认证也称为无甲醛豁免认证，而NAF也是目前全球最难通过的认证标准。

**（4）胶合板**

胶合板是将圆木沿着年轮方向旋切成单板，按照木纹方向相互垂直的原则铺装胶合而成。由于每一层板的纹理是相互垂直交替放置，所以胶合板一定都是奇数层，比如三层胶合板、五层胶合板等，如图3-28所示。

**（5）细木工板**

细木工板也称大芯板，是将木条拼接成芯板，外表贴面板加工而成，图3-29（a）中的板材内部有很多空洞，是很差的板，强度很低。图3-29（b）的板材采用企口榫拼接，强度很好。图3-29（c）的板材采用直接平拼，强度没有企口榫拼接高。一般这种板材都会贴有工艺参数和技术参数的标签，如图3-29（d）所示。

图3-27　刨花板断面

右侧标注（从上到下）：
面板
横芯板
纵芯板
横芯板
背板

五层胶合板

图3-28 胶合板断面及铺装示意图

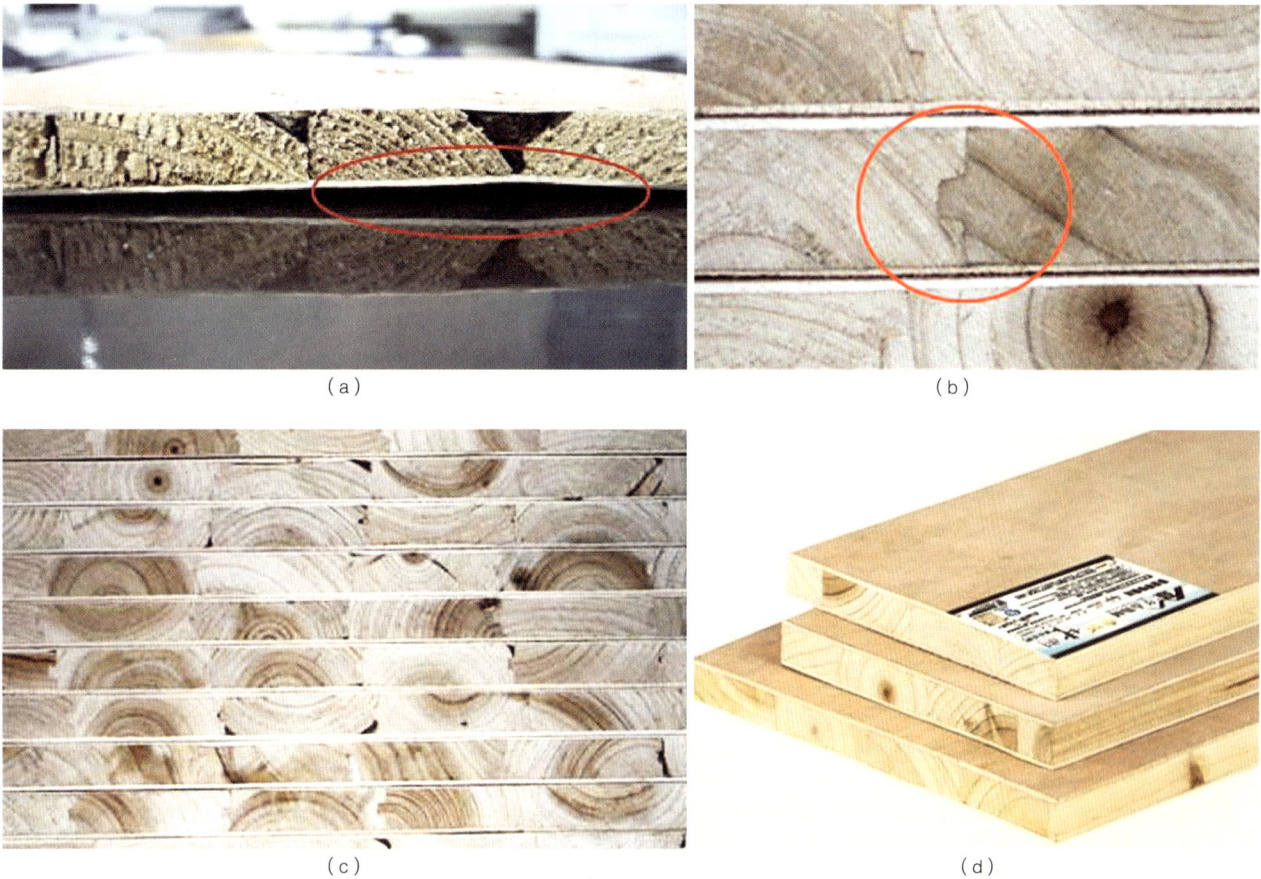

（a）

（b）

（c）

（d）

图3-29 细木工板种类

（6）集成材

集成材也称胶合木，是用短而窄的锯材进行层积胶压而形成的木质材料，与木质工字梁、单板层积材同为3种主要的工程木产品，如图3-30所示。

### 3.4.2　连接方式

人造板的连接方式主要是通过连接件连接，在家具产品领域中应用较为广泛，很多现代时尚的家具产品，都采用连接件连接，可拆装的零部件实现了扁平化包装运输，到家后方便组装。

这里重点介绍32mm系统，它是以32mm为模数、制有标准接口的家具结构与制造体系。32mm系统是起源于欧洲的标准系统，设计的重点在板件的标准化、系列化和互换性上，这样有利于板件的包装堆放、空间利用、减少破损、质量把控。以这个制造体系加工的标准化部件为基本单元，可以组装为采用圆榫胶接的固定式家具，或使用各类现代五金件连接的拆装式家具。32mm系统是一种与制造体系紧密相连的结构工艺形式，因为设备的钻头之间就是32mm的整数倍，所以，在人造板上打孔时的孔位间距也是32mm的整数倍，如图3-31所示。

32mm系统的核心主要在旁板上，所有的顶板、底板、层板、抽屉板等都必须通过这些结构孔和系统孔相接合。

图3-30　集成材成品图

| （a）旁板 | （b）打孔示意图 |

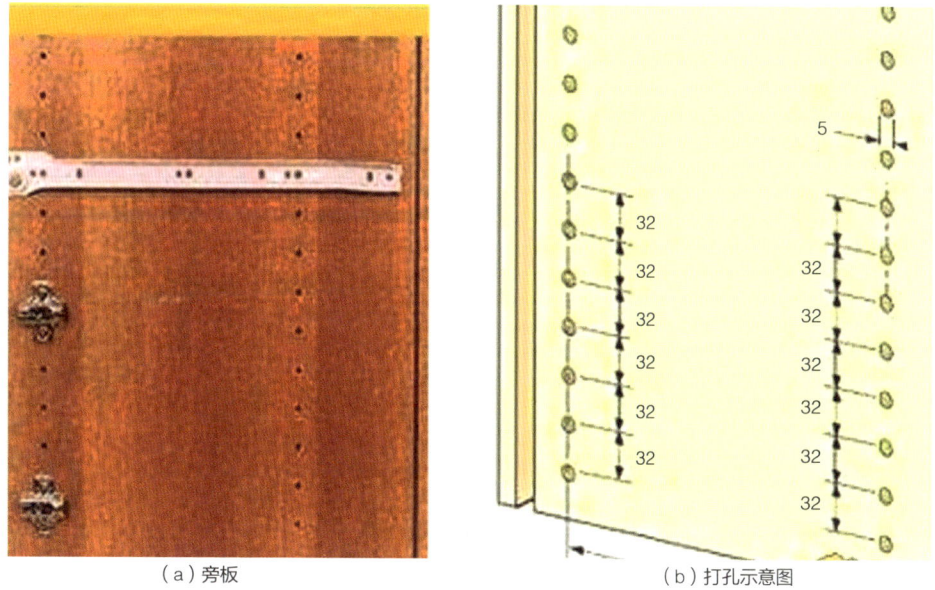

图3-31 32mm系统

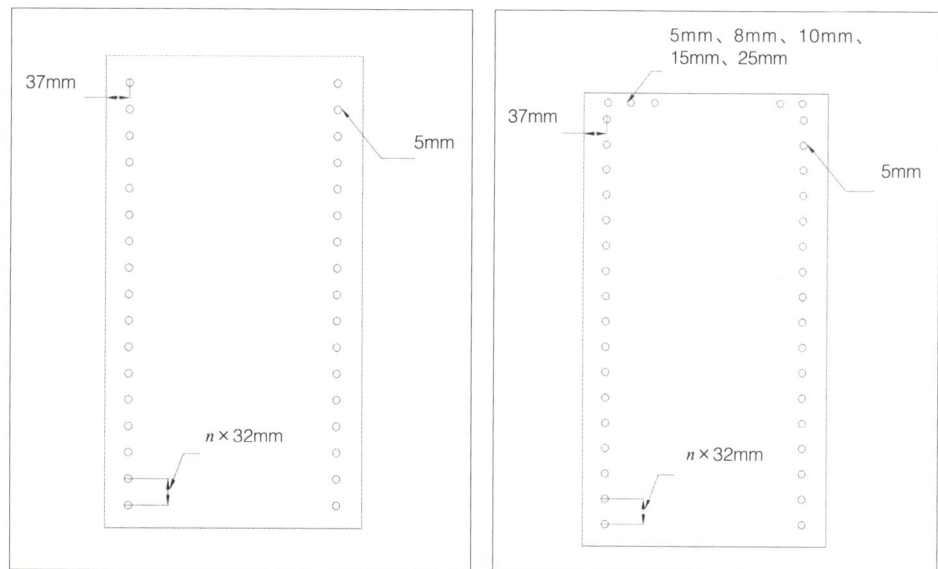

图3-32 系统孔图例

图3-33 结构孔图例

　　①系统孔：分布于旁板的两边，孔径为5mm，孔与孔的间距为32mm或其整数倍；用于铰链、底座、抽屉滑道、搁板等位置，如图3-32所示。

　　②结构孔：设在水平坐标上，上沿第一排孔与板端的距离要根据板件的结构形式与选用的配件而定，如图3-33所示。

　　③五金件的运用：板式家具的特点决定了它对五金件的依赖性。可以说，离开现代的五金件，板式家具便不复存在。符合32mm系统的五金件为孔的加工和安装实行标准化、系列化和通用化提供了技术保障，德国的海福乐、海蒂诗和中国的科鼎等公司在五金件的标准化方面都起到了典范的作用。

## 案例1

板式家具最常用的就是偏心连接件，它是板式家具结构连接的重要五金件，主要完成竖板和水平板件的连接，具有安装快速、牢固、可多次拆卸的特点，安装在板件的暗处，不影响整体美观。偏心连接件的规格多种多样，常用的由偏心轮、连接杆、预埋螺母3个零件组成，所以，有时候也称为三联件、三合一连接件等，图3-34为偏心连接件及安装示意图。

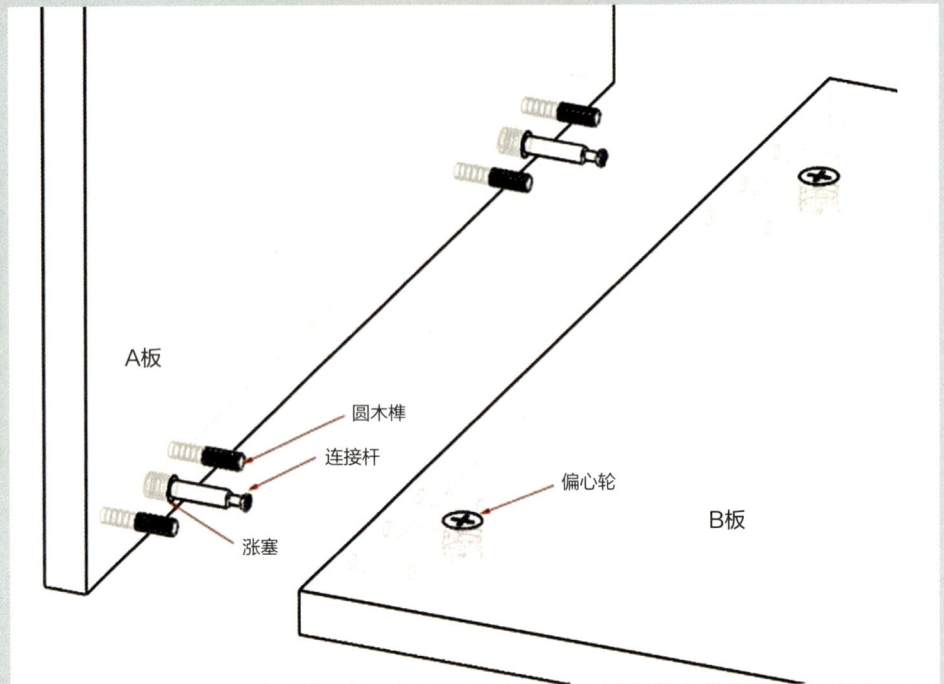

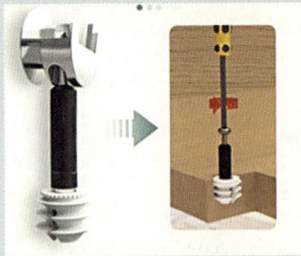

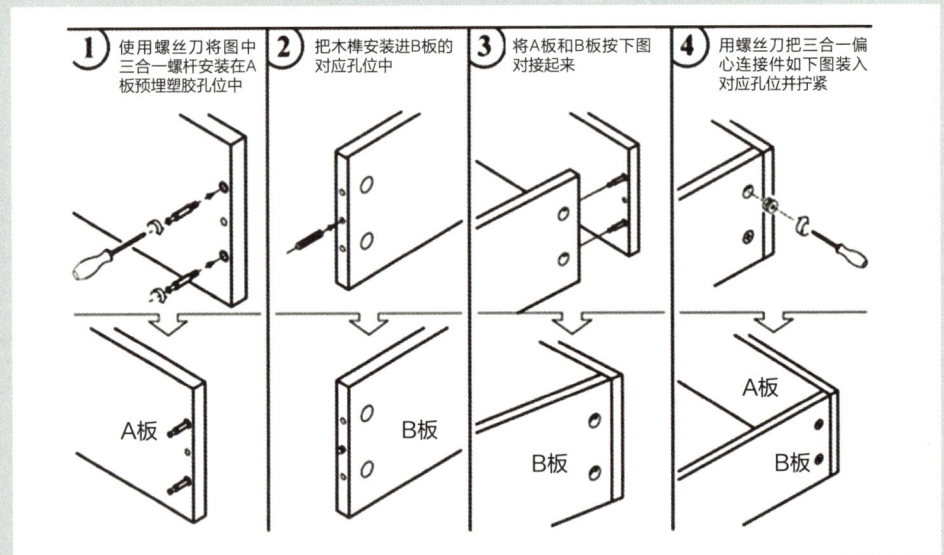

A板

圆木榫

连接杆

涨塞

偏心轮

B板

① 使用螺丝刀将图中三合一螺杆安装在A板预埋塑胶孔位中

② 把木榫安装进B板的对应孔位中

③ 将A板和B板按下图对接起来

④ 用螺丝刀把三合一偏心连接件如下图装入对应孔位并拧紧

A板

B板

B板

A板
B板

图3-34  偏心连接件及安装示意图

*Notes*

# 案例2

铮链主要用于板式家具柜门与侧板的连接，通过这个案例可了解铰链的种类和安装方式。铰链通常分为全盖、半盖、无盖（大弯、小弯、直臂）3种形式，分别适用于全盖门、半盖门和嵌入门，如图3-35所示。

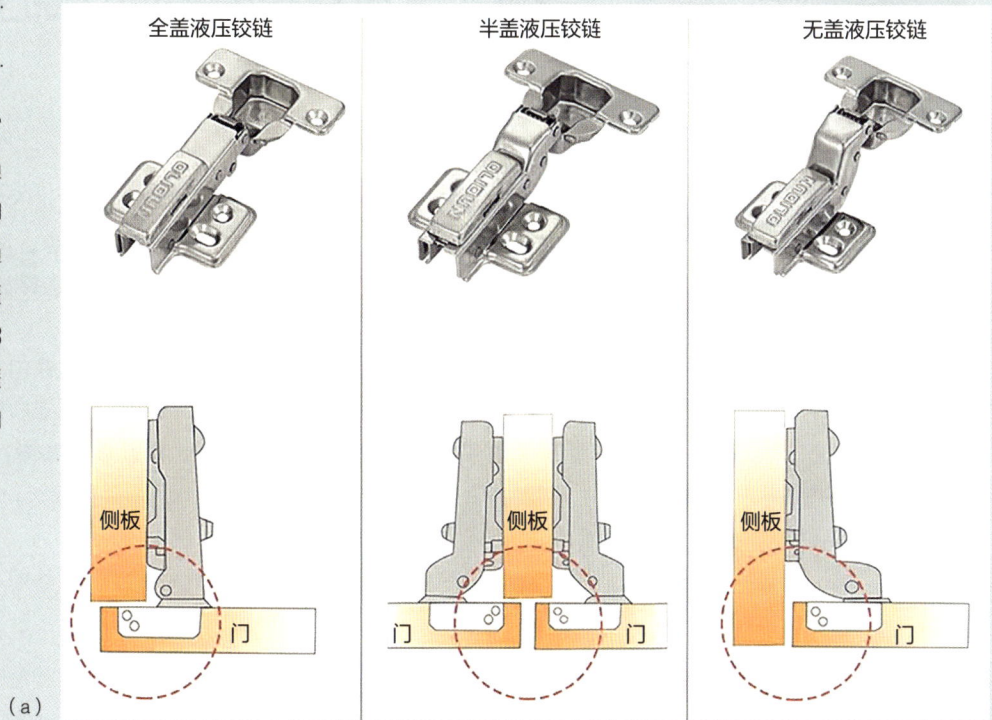

全盖液压铰链　　半盖液压铰链　　无盖液压铰链

侧板　门　　侧板　门　门　　侧板　门

（a）

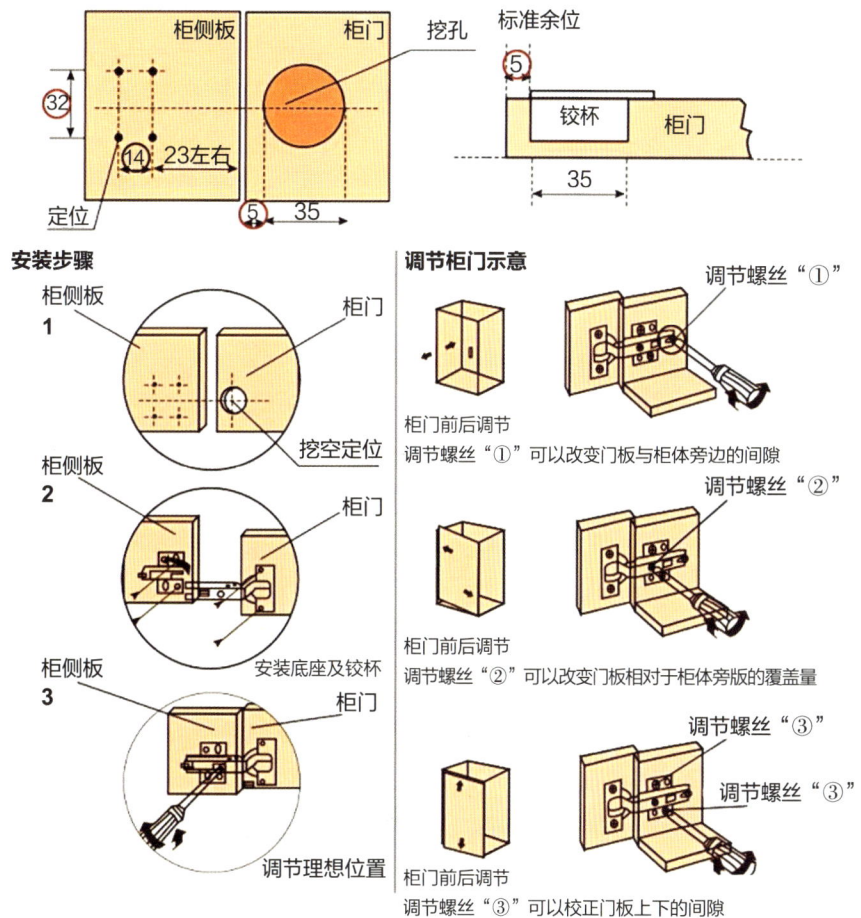

柜侧板　柜门　挖孔　标准余位

32　⑤　铰杯　柜门

⑭　23左右　35

定位　⑤　35

**安装步骤**

柜侧板　1　柜门

挖空定位

柜侧板　2　柜门

安装底座及铰杯

柜侧板　3　柜门

调节理想位置

**调节柜门示意**

调节螺丝"①"

柜门前后调节
调节螺丝"①"可以改变门板与柜体旁边的间隙

调节螺丝"②"

柜门前后调节
调节螺丝"②"可以改变门板相对于柜体旁版的覆盖量

调节螺丝"③"

调节螺丝"③"

柜门前后调节
调节螺丝"③"可以校正门板上下的间隙

图3-35　铰链种类与安装示意图（单位：mm）　（b）

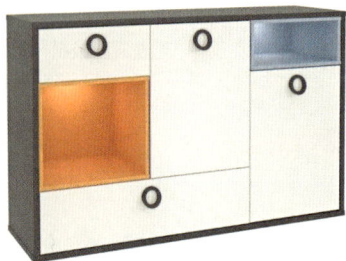

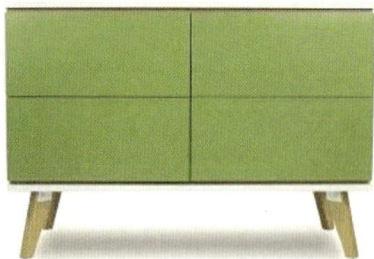

# 3.5 木质材料的表面涂饰工艺

## 3.5.1 木质材料涂饰的重要性

（1）保护性

实木产品进行表面涂饰可以阻隔外界水分进入木材内部，从而在一定程度上提升了木材的稳定性，不易开裂和变形等。同时也提升了产品的耐水性、耐磨性、耐酸碱性等，对产品起到了很好的保护作用。

（2）装饰性

对于天然木材而言，未经过处理的表面往往粗糙不平，还有一些天然缺陷，如节疤、变色、虫眼等存在，经过表面处理和装饰之后，可以使它的表面更加平整光滑，增强木质美感，掩盖自然缺陷，起到一定的美化与装饰效果。

（3）耐久性

表面涂饰能够很好地改善木质材料的物理性能，使其在使用过程中延长使用寿命。

## 3.5.2 木质材料涂饰工艺

（1）涂料涂饰

对于大部分纯实木产品以及部分人造板产品，需要对其表面进行涂料涂饰，简单说来，实木产品尤其是优质木材，一般都采用透明涂饰的方式，这样能够很好地保留木材美丽的纹理。而对于人造板产品，一般会进行各种颜色或效果的涂料涂饰，使之呈现丰富多彩的表面装饰效果，如图3-36是经过表面涂饰的家具产品，可以表现复古风格、田园风格，亦可以是现代简约风格。

图3-36 经过表面涂饰后的家具产品

涂料的种类很多，可以从图3-37中看到，根据不同方式，涂料可以分成不同种类，不同涂料的环保性能和呈现的装饰效果也是不同的。

（2）表面覆贴

木质材料覆贴装饰也称表面二次加工装饰或深加工装饰，其目的有4个：一是起到装饰美化作用，遮掩基材表面缺陷，装饰后的基材外观质量大幅提高，提高基材档次；二是保护基材表面，提高表面性能，利用覆贴的饰面层将基材与水或空气隔绝，降低外界环境因素对基材的影响；三是提高基材的抗老化能力，在一定程度上减缓使用过程中基材因光照、氧化、温度、水分等因素的影响易出现的老化现象；四是阻断部分人造板基材的甲醛释放。

覆贴的装饰材料有多种，比如印刷装饰纸、三聚氰胺塑料贴面板、三聚氰胺浸渍纸、单板、薄木、金属箔材、纺织品、竹单板、编织竹席等。

（3）封边处理

人造板的边部需要封边，它可以起到装饰、防潮、加固和环保的作用。封边有以下6种形式，如图3-38所示。

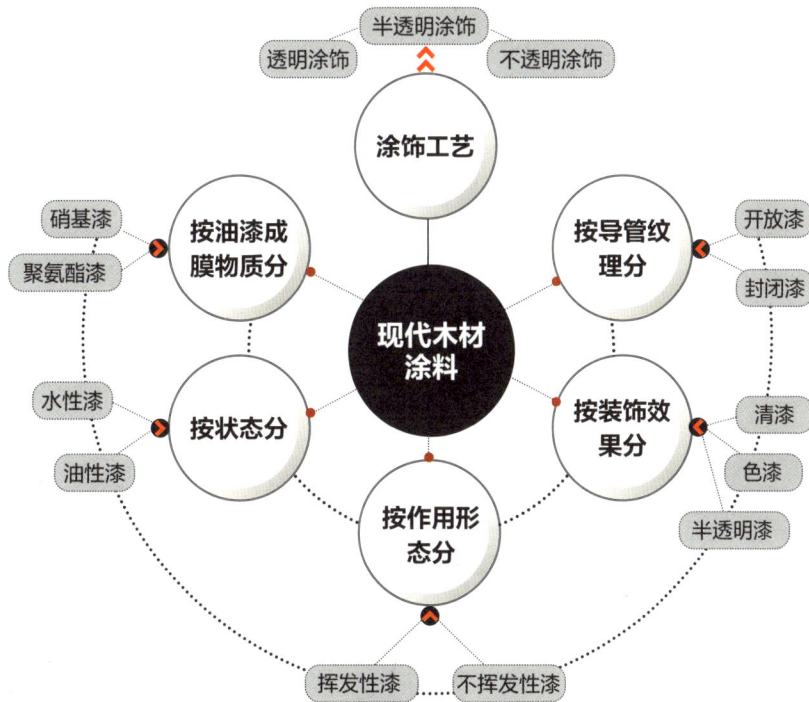

图3-37　现代木材涂料归纳

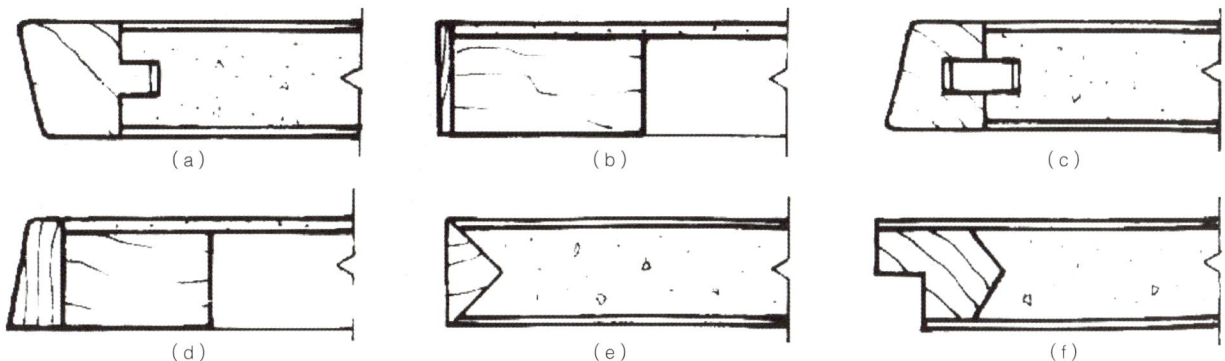

图3-38　人造板材的封边方式

# 3.6　案例分析与知识点解读

## 案例 1　红蓝椅

　　**设计与应用分析**：里特维尔德（Rietveld）是荷兰风格派的代表人物之一，红蓝椅是其最杰出的代表作之一。设计师的手绘图包括了透视效果图、三视图、零部件详图以及详细的注释说明。这把椅子采用实木和金属连接件组成。15根木条互相垂直，组成椅子的主体结构，各构件之间用螺丝紧固而非传统的榫卯结构。这种结合方式简单便捷，各个部件是独立的、可拆装的，便于进行扁平化包装与运输，是典型的通过五金件结合的现代连接方式。

　　**知识点**：木材的现代连接方式

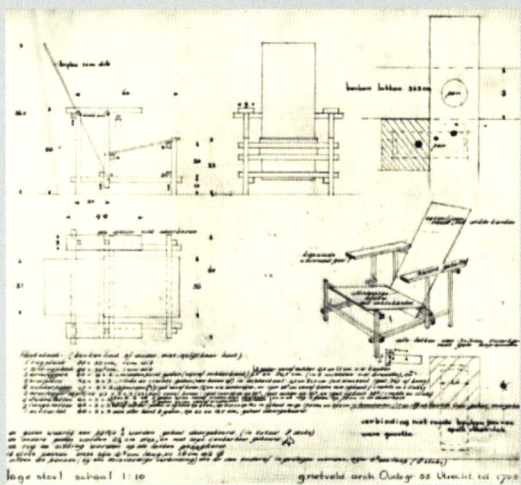

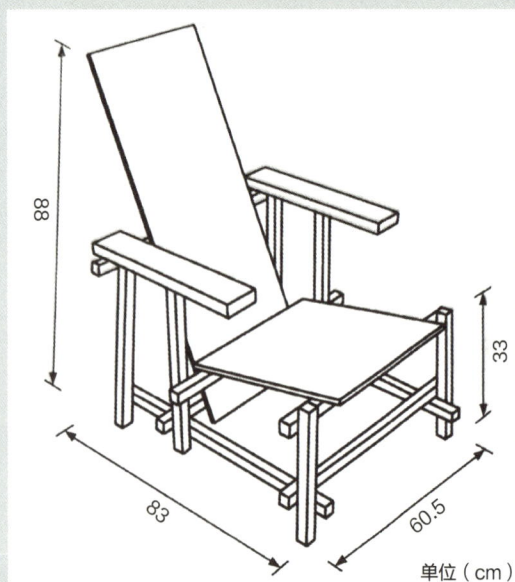

88
83
33
60.5

单位（cm）

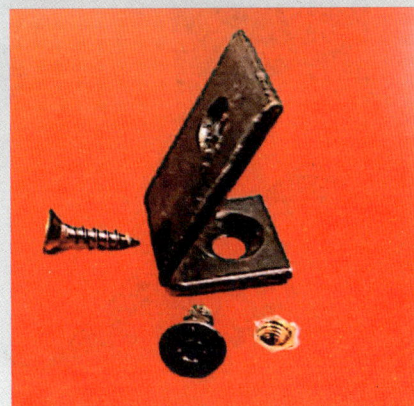

## 案例 2    银锭榫的设计应用

**设计与应用分析：**银锭榫又称木销拼接榫、蝴蝶榫，是一种两头大、中间细的榫卯结构，因形似银锭而得名。银锭榫主要用于两板的拼合和结构性开裂的修复，起到木材拼接和加固的作用，同时也起到一定的装饰和美化作用，并且可以进行创意设计。图（a）是一块整木板，带有明显的自然风化留下的裂纹，裂纹缝隙明显，银锭榫既可以加固又能起到一定的装饰效果，是设计师常用的处理手法。图（b）为银锭榫用于实木框架的角部结合，图（c）是银锭榫在板材拼接中的应用，图（d）为银锭榫在创意设计中的应用。

**知识点：**银锭榫及其应用

*Notes*

（a）银锭榫用于修复板材开裂

（b）银锭榫用于实木框架角部结合

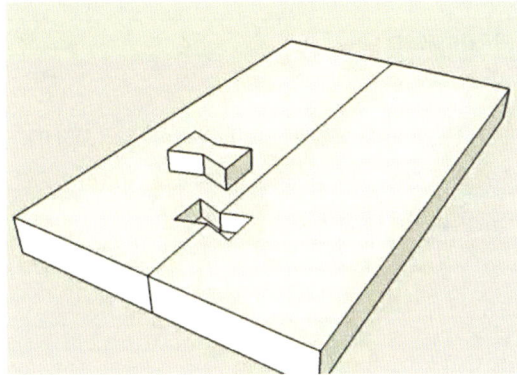

（c）银锭榫用于板材拼接

（d）银锭榫的创意设计

## 案例 3    "Wood casting" 创意家具

**设计与应用分析：** 这是以色列设计师Hilla Shamia把天然木材和熔化的铝结合设计的一款创意家具产品。设计师保留了木材天然的裂痕和缝隙，将熔融的铝浇铸进去，木材在高温灼烧下焦化，冷却后两种材料融为一体，形成别具特色的装饰效果。

**知识点：** 木材裂纹的修补与再设计

## 案例 4　靠背椅

**设计与应用分析**：这是一款由伊姆斯夫妇设计的以胶合板为材料的靠背椅，整个座椅由2个椅腿、1个座面、1个靠背、1个支撑件和若干五金件组成。座椅的各个部件都采用胶合板弯曲成型工艺预先做好，并在相应的部位设好预埋件，通过五金件直接组装即可。这样的现代组装方式，适合大批量工业化生产和扁平化包装运输，很好地降低了成本，也使组装更加方便快捷。

**知识点**：实木家具的现代连接方式、胶合板弯曲成型工艺

*Notes*

## 案例 5
### 实木节点设计

**设计与应用分析**：这是一组关于实木产品节点设计的案例整合。传统榫卯结构中的燕尾榫、插销榫等经过设计创新，呈现出非常好的装饰效果。它们不仅是产品结构的一部分，更成为设计的亮点。榫卯的创新设计一直是很多设计师热衷探索的一个领域，用符合木材性能的结构展现实木产品的美感，探索更为多样化的形式，赋予产品更现代与时尚的气息。

**知识点**：实木产品的节点设计

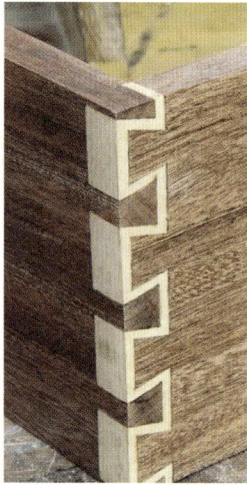

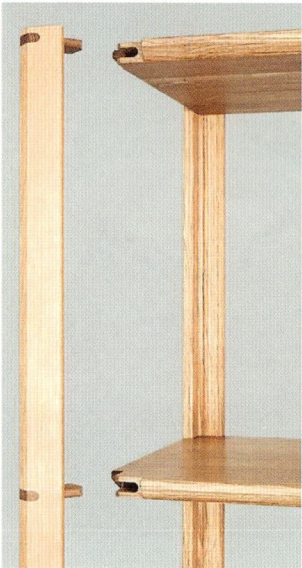

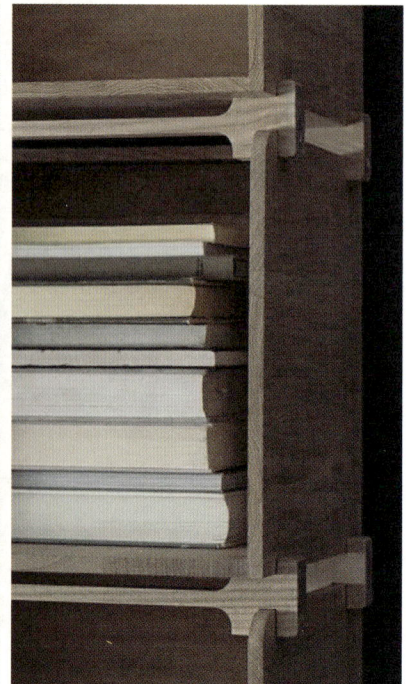

## 案例 6 "PIY"原木衣帽架

**设计与应用分析：**这是PIY原木衣帽架，"PIY"的意思是"Play it yourself"，能让人感受到亲手组装的乐趣，它的全部零件由6根木棒组成，3长3短，非常简洁。材料选用进口榉木，榉木材质坚硬、纹理通直、结构细腻、质地均匀，因此保留了其天然的纹理质感。在结构方面，采用了创新的琴轴锁设计，让6根木棒在无需任何五金件或胶黏剂的情况下，完全依靠自身的结构作用力就能支撑起来。琴轴锁多用在二胡端部用以调音，其设计的创意来自于流传千年的古代智慧——榫卯和鲁班锁。榫卯使两块木结构之间能严密扣合，而鲁班锁是一种无需钉子和绳子，完全靠自身结构连接支撑的架构方式。

**知识点：**榫卯结构和鲁班锁的创新设计

*Notes*

琴轴锁

## 案例 7　　"Stripped（剥离）"灯具

**设计与应用分析：**这是国外设计师Floris Wubben设计的"Stripped（剥离）"灯具，该灯用一段树枝和树皮做成。设计师把树皮分成3份，从顶部剥开，然后绕成一个灯罩，树皮里面的树干在底部也一分为三，构成灯的3条支撑腿。由于世界上没有完全相同的两根树枝，所以每盏树皮灯都是独一无二的。透过天然树皮发出的灯光非常柔和，并散发着自然的味道。这款灯具设计充分利用了木材的不同部位，体现了物尽其用的理念。

**知识点：**树枝和树皮的利用与再设计

## 案例 8　　木质餐具

**设计与应用分析：** 这些木质餐具的材料均为实木，用桐油或蜂蜡对产品表面进行处理，很好地体现了木材的天然纹理和质感以及环保的特性，这样处理后的餐具是可以直接使用的。实木圆形碗的制作工艺主要通过木工的车床进行。形形色色的木勺用手工木作工具完成，上面留着手刻的痕迹，呈现出自然古朴的美感。

**知识点：** 木材的表面处理及手作加工

*Notes*

## 案例 9　木材与树脂结合的桌几

**设计与应用分析**：这是用木材与水晶滴胶结合的设计案例。水晶滴胶是一种常见的对木材裂纹进行处理的设计手法。通过水晶滴胶与色浆的调和可以形成不同的肌理，与有缺陷或木材的边角料进行结合，形成一种全新的效果。水晶滴胶在凝固过程中会发生化学反应，有时会产生很多气泡，在浇注过程中根据需要进行消泡处理。同时因为木材与水晶滴胶两者的收缩比不同，最好采用开放式结构。

**知识点**：木材与水晶滴胶的结合与再设计

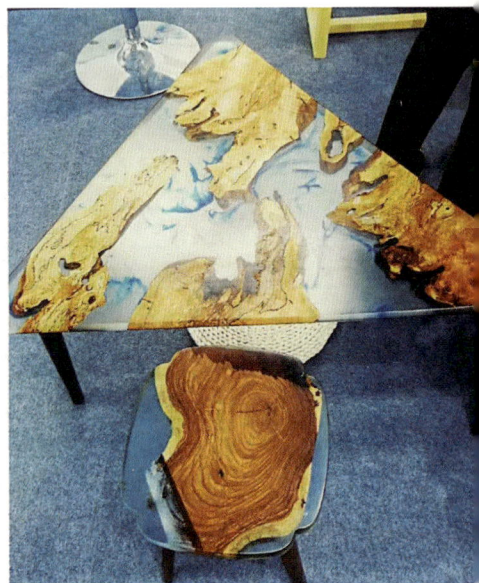

## 案例 10　"Marionet"桌

　　**设计与应用分析**：Marionet桌由位于德国斯图加特的工业设计机构Simon Busse为瑞士品牌MOX量身打造。设计师别出心裁地利用一块榫卯式连接件，将3根橡木桌腿聚合到一起，并通过一根富有弹性的红绳将它们向上拉紧后从桌面中心处穿出，露出的红绳即为提手。提起的过程中，各部件之间受力相互咬合，配合更加紧密，各个部件"一个都不能少"。这也是根据榫卯结构进行现代创意设计的案例。

　　**知识点**：榫卯结构的创新应用

## 案例 **11**　胶合板拼插小凳

**设计与应用分析**：这是一把由多层板（即胶合板）通过拼插、组合而成的小凳子。它的连接多以现代连接方式为主，通过拼插、木螺钉等连接。图中的案例采用拼插方式，局部用螺钉加固，可以实现现场组装、扁平化包装等。

**知识点**：胶合板的连接方式与创意设计

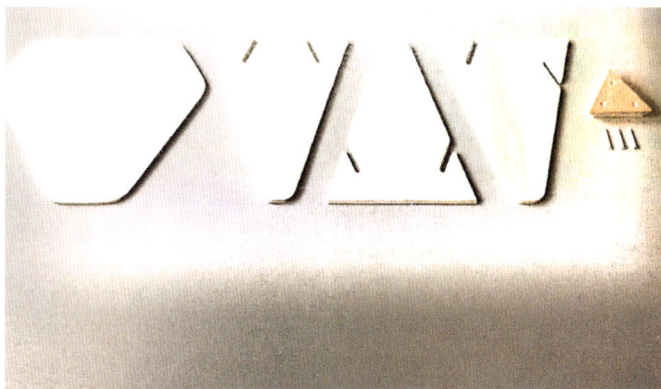

## 案例 12　木片创意设计

　　**设计与应用分析**：这组案例是将木片切割成小片后，重新进行拼接，呈现出可以卷折的柔软效果，可以做成服装、灯具、挂毯等。这些被切割好的小木片通常黏附在无纺布上，木片之间留有一定的缝隙，通过这样的工艺把原本坚硬的木质材料变成了可以弯折的软性材料，给设计师带来了很多创作的空间。

　　**知识点**：木片的切割与再设计

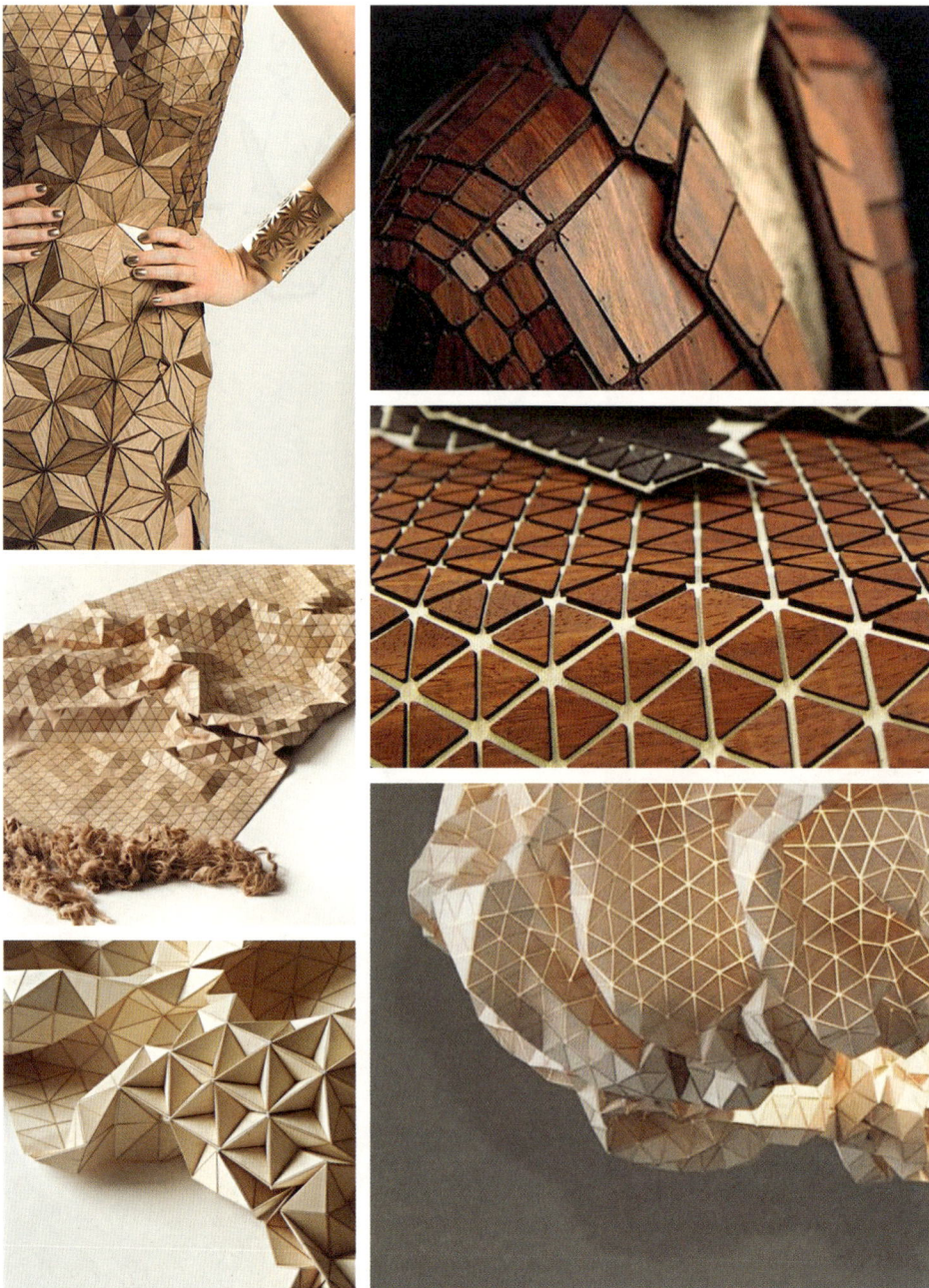

# 4

## 金属材料

# 4.1　金属的基础知识

在人类文明进步的发展史上，金属扮演着重要的角色。继石器时代之后出现的铜器时代和铁器时代，都是以金属材料的应用为显著标志。人类的农业文明、工业文明的特征之一就是发现和利用材料，尤其是金属材料，它也是人类历史发展进程的见证之一。金属材料已成为当今人类社会发展的重要物质基础，它极大地影响、丰富、改变着人们的生活，这也是设计师必须了解和掌握金属材料的重要原因。

金属是家居产品设计选用的基础材料之一，它是以金属元素或以金属元素为主构成的具有金属特性的材料统称。对于金属材料的学习，首先要了解其分类与特性，图4-1对金属材料的分类与特性进行了归纳，这些特性也是金属加工和表面处理工艺中需要了解的基础知识。

# 4.2　金属材料的性能

金属材料相对于非金属材料具有资源丰富、生产技术成熟、产品质量稳定、强度高、塑性好、韧性好、耐热、耐寒、耐磨、可锻造、可冲压、可焊接等特点，其导电性、导热性和电磁性优异。正因为金属的这些良好性能，也使它成为现代科技和现代工业研究、开发、应用最重要的材料之一。

（1）黑色金属

黑色金属主要包含钢、铁和钢材。这三者主要是含碳量的不同。从图4-2可以看出，铸铁含碳量最高，熟铁含碳量最低，钢介于两者中间。可见，含碳量是决定黑色金属力学性能的最主要因素，一般来说，随含碳量的增加，硬度增大，而塑性和韧性下降。

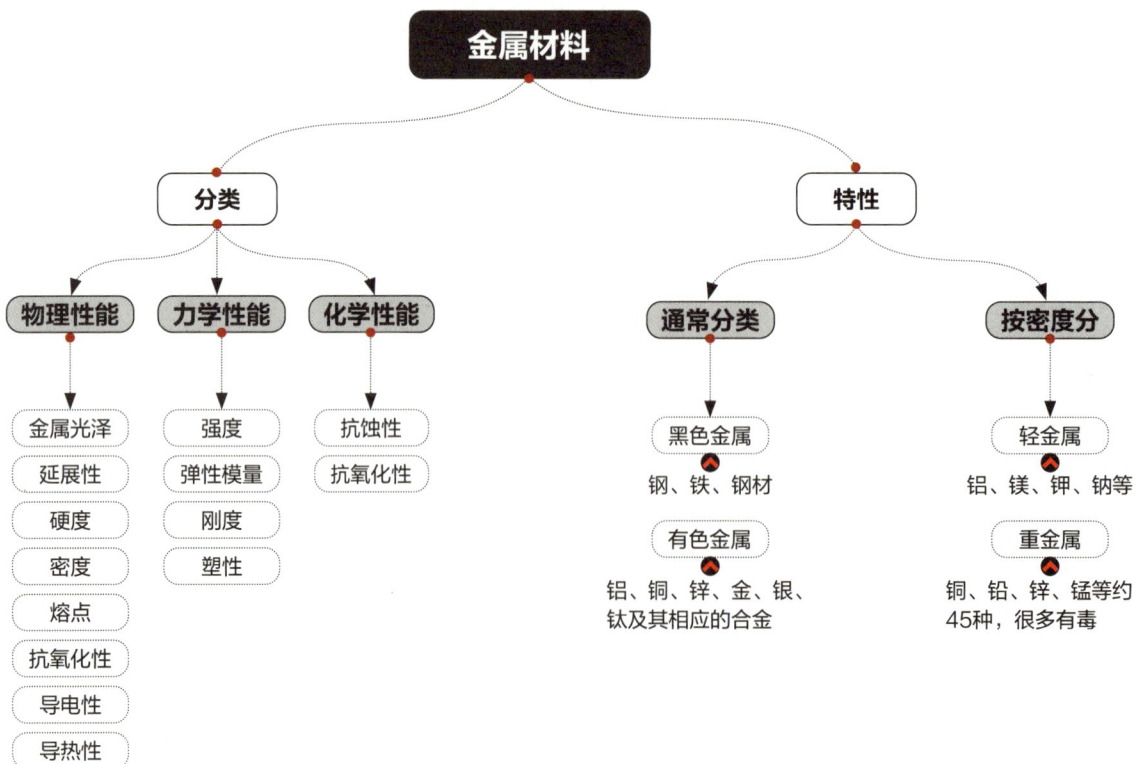

图4-1　金属材料基础知识归纳

钢材又分为钢板、钢管、型钢和钢丝。从图4-3中可以看出，低碳钢可制作汽车轮毂，中碳钢可制作刀具，高碳钢可制作弹簧纱剪，合金钢可制作量尺，这些都是黑色金属的产品案例。

**（2）有色金属**

有色金属又称非铁金属。纯有色金属一般质地较软，在产品设计中常用的为其相应的合金材料。比如铜、铝、锌、钛、金、银等相应的合金材料做成的产品较多，图4-4这些案例基本都是合金材料做成的。

*Notes*

| 含碳量在2%以上 | 含碳量介于0.2%~2% | 含碳量低于0.2% |
|---|---|---|
| 铸铁（生铁） | 钢 | 熟铁（锻铁） |

图4-2　黑色金属含碳量示意图

钢板

钢管

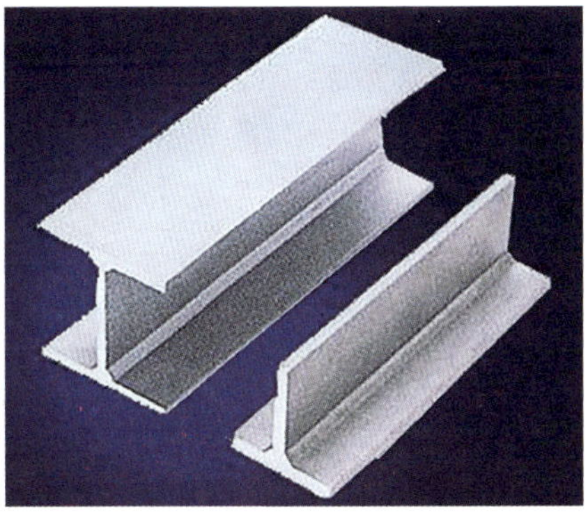

型钢

低碳钢锻造轮毂

中碳钢唐刀

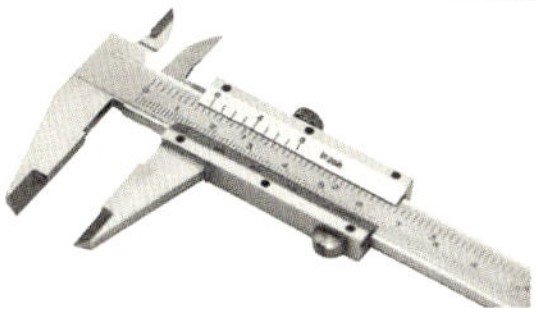

合金钢量尺

高碳钢弹簧纱剪

图4-3　黑色金属产品

图4-4　有色金属产品

## 案例分析

　　这是一款日式雪平锅。这个案例中涉及3种食品级不锈钢，304不锈钢、316不锈钢和443不锈钢（图4-5）。

　　①304不锈钢：是按照美国ASTM标准生产出来的不锈钢的一个牌号，可以抵挡化学物质的氧化，也是国家标准《不锈钢压力锅》（GB15066—2004）必须使用的材质。

　　②316不锈钢：是用10%的镍来制作，更耐用、更抗蚀，也是医用不锈钢，完全没有金属离子析出，非常安全。

　　③443不锈钢：是铁素体不锈钢的一种，防锈能力和加工性能与304不锈钢相当，目前在电器、器皿、厨房设备、公共设施等领域使用。

图4-5　3种食品级不锈钢

# 4.3 金属材料的加工工艺

金属材料的加工工艺，如图4-6的归纳整理。首先，金属板、管材和线材这一类材料的加工工艺一般包含了裁切、卷管、折边、弯管、修整、钻孔等，然后再进行表面处理、装配等。其次，液态金属一般需要经过铸造，再进行切削加工、热处理、表面处理、装配等流程，而金属的铸造工艺主要分为砂型铸造、熔模铸造、金属铸造、压力铸造和离心铸造。最后，棒状、块状和片状这一类金属，需要先进行塑性加工，比如锻造、轧制、挤压、冲压等工艺，还可以进行切削加工，包含车、铣、刨、磨、钻、镗、钳等，这些基本都需要技工拥有相应的职业技能上岗证书才能进行施工与操作，也是一类技术工种。

下面简要说明金属常用的铸造成型工艺、塑性加工和切削加工、焊接等工艺。

（1）铸造成型工艺

金属的铸造成型包括了砂型铸造、熔模铸造、金属铸造、压力铸造和离心铸造。

① 砂型铸造：是使用砂粒和黏合剂制造模型进行浇注。图4-7为工艺过程示意图。砂型铸造后的产品精度较低，表面较为粗糙，还需要后期的精加工处理。

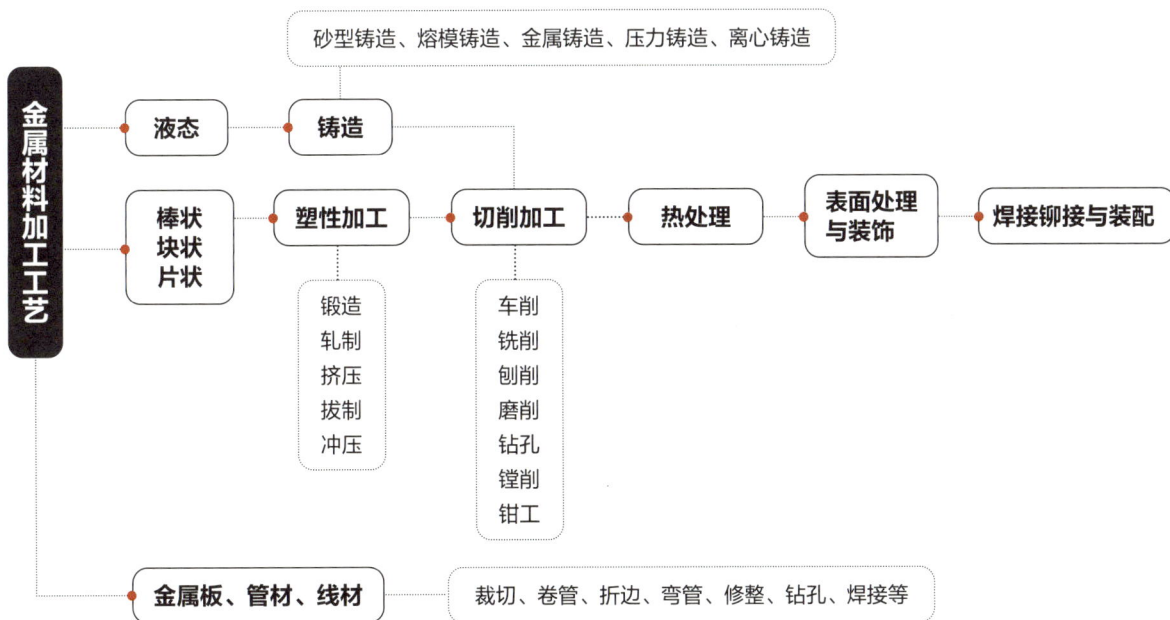

图4-6 金属材料的加工工艺

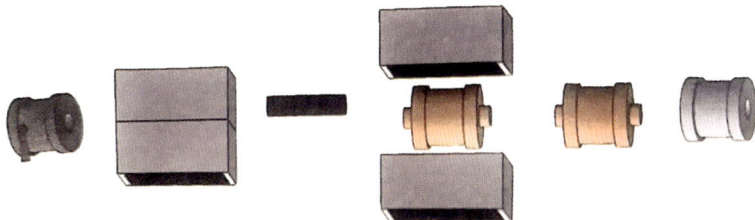

图4-7 砂型铸造工艺过程示意图

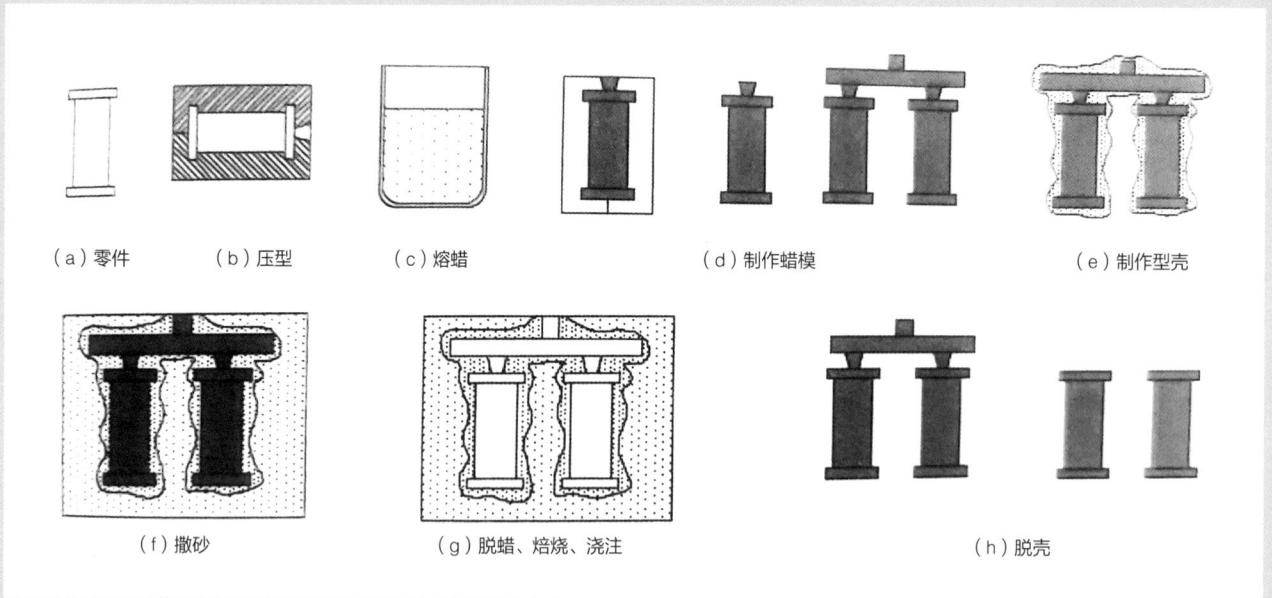

（a）零件　　（b）压型　　（c）熔蜡　　　　（d）制作蜡模　　　　　（e）制作型壳

（f）撒砂　　　　　　　（g）脱蜡、焙烧、浇注　　　　　　（h）脱壳

图4-8　熔模铸造工艺过程示意图

②熔模铸造：也称精密铸造或者失蜡铸造。具体工艺流程如图4-8所示。由于熔模铸造精度高，可以不用再加工，通常适合形状复杂的各种合金产品。

③金属铸造：又称永久性铸造，是将金属液倒入金属制作的模型进行铸造的方法。由于金属铸造受到模型材料的制约，不能承受高温，适合铸造熔点较低的有色金属等，如图4-9所示。

④压力铸造：是在压力机上用压射活塞以一定的压力将压室内的液态金属压射到模腔中，金属液在压力作用下迅速冷却凝固成固体，如图4-10所示。根据压力的大小，通常又分为低压铸造和高压铸造。

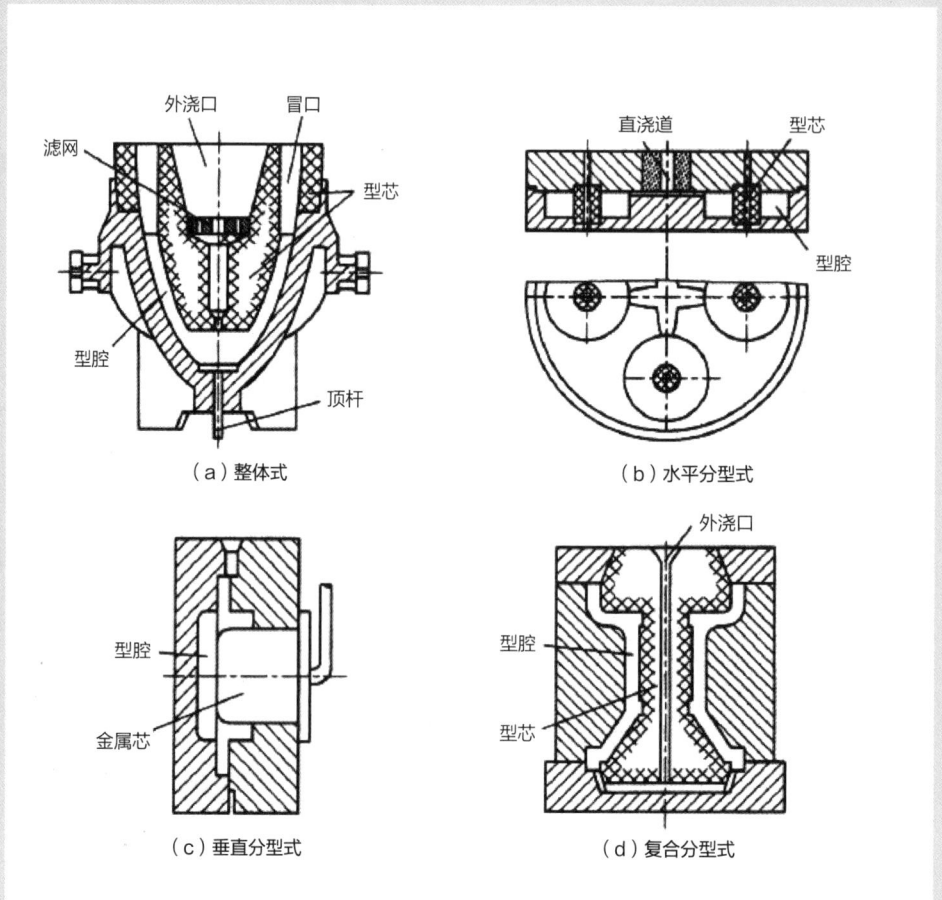

（a）整体式　　　　　　　　（b）水平分型式

（c）垂直分型式　　　　　　（d）复合分型式

图4-9　金属铸造工艺的4种分型式示意图

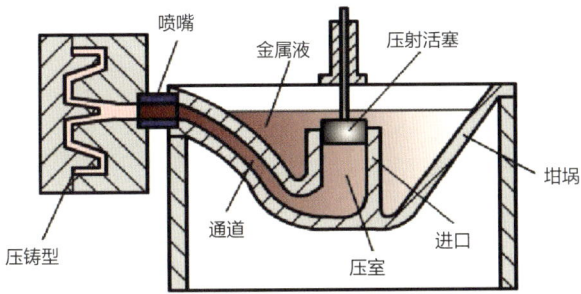

图4-10　压力铸造工艺过程示意图

⑤离心铸造：是将液体金属注入高速旋转的铸型内，使金属做离心运动，从而充满铸型和形成铸件的技术与方法。

（2）塑性加工工艺

塑性加工工艺需要使用专门的设备和工具，不适合加工脆性材料和浮夸形状的产品。

①锻造：是用手锤或老机械设备对金属进行敲打，施加一定的冲击力，金属在不分离的情况下产生塑性变形，从而获得所需的产品。其中手锤锻造是手工操作，是一种相对古老的加工方式，现在多用在手工的金属工艺品或艺术品中，如图4-11所示。

②冲压：将金属放在冲压模具中，通过受力使金属产生塑性变形或分离，获得最终的产品，图4-12和图4-13为金属冲压的产品实物。冲压工艺如图4-14~图4-16所示，可以实现折弯、拉伸、冲剪等，其生产效率较高、精度较好、成本相对低，适合大批量生产。

图4-11　铜制浮雕制品

图4-13　折弯成型钢管椅

图4-12　拉伸式水龙头

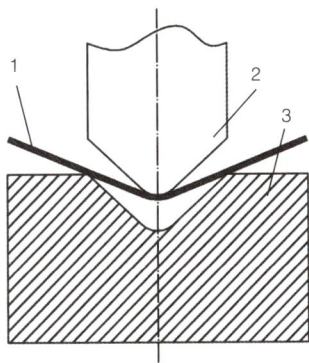

1-坯料；2-凸模；3-凹模。

图4-14　折弯成型加工示意图

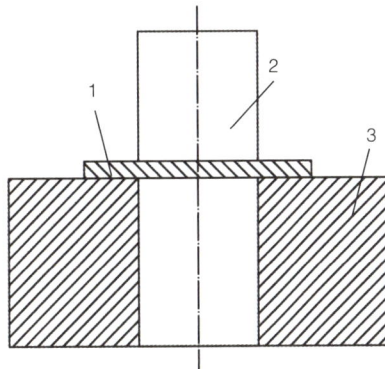

1-坯料；2-凸模；3-凹模。

图4-15　冲剪加工示意图

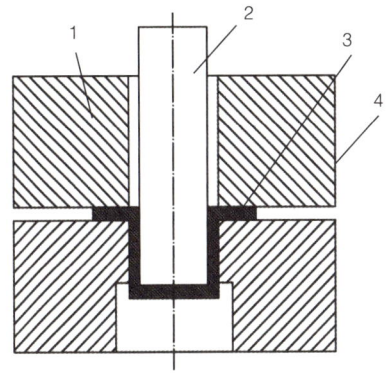

1-压板；2-冲头；3-坯料；4-凹模。

图4-16　拉伸加工示意图

③轧制：在高温下，金属坯段经过若干连续的圆柱型辊子，将金属轧入型模中从而获得一定造型的产品，如图4-17中的金属型材制品就是轧制而成。

④挤压：用于连续加工具有相同横截面形状的实心或者空心金属造型的工艺，既可以高温加工，又可以进行冷加工。

（3）切削加工工艺

切削加工工艺是利用切削工具和工件的相对运动，从毛坯金属上切除多余的材料，从而获得所需的形状尺寸和表面质量的一种成型方法，它可以分为手工加工和机械加工。手工切削使用的工具简单，但加工效率低、劳动强度大、应用范围也比较小。现在更多是用专业的切削机床进行加工，如车削、铣削、钻削、刨削、镗削等。

（4）焊接工艺

焊接是一种连接金属材料的工艺方法，通过对金属使用加热或加压力等手段，借助金属原子的结合与扩散作用，使处于熔融状态的金属牢固地连接在一起。常用焊接方法如图4-18所示。

图4-17　轧制金属型材

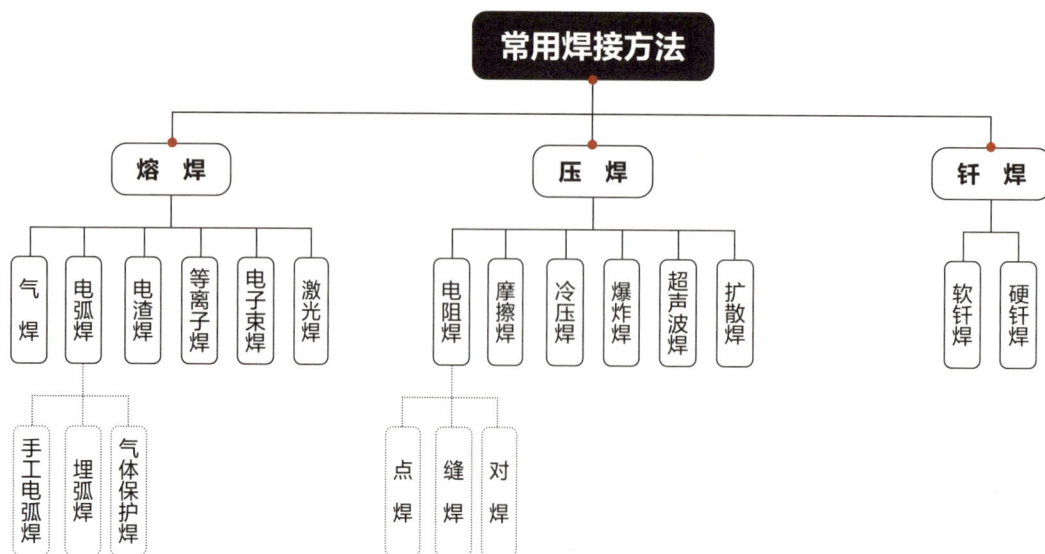

图4-18　金属的常用焊接方法

## 4.4 金属材料的连接方式

金属的连接方式包括螺栓连接、铆钉连接和焊接3种，如图4-19所示。

①螺栓连接：优点是结构简单、形式多样、连接可靠、装拆方便、成本低。缺点是在交变荷载下易松动，制孔精度较高。

②铆钉连接：优点是连接强度高、密封性能好。缺点是拆卸不方便、制孔精度高。

③焊接：优点是设备简单、生产效率高、焊缝强度高、密封性能好。缺点是拆卸不方便。

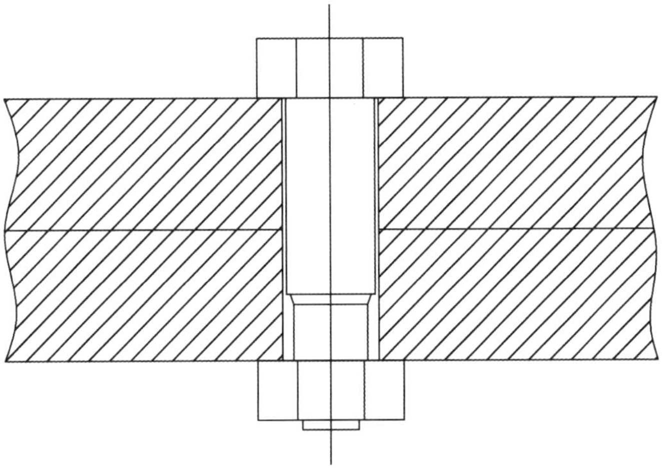

（a）螺栓连接

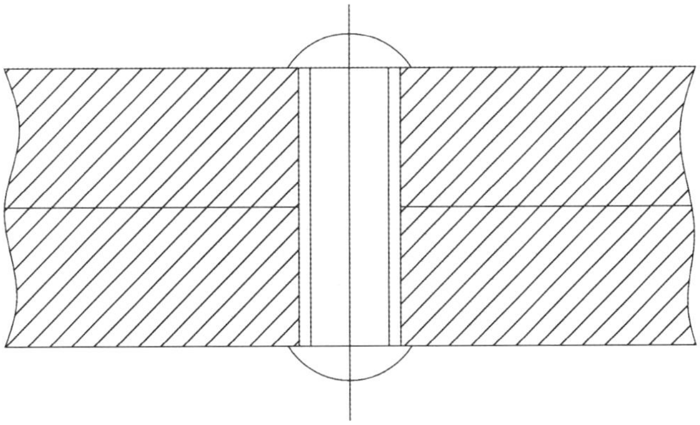

（b）铆钉连接

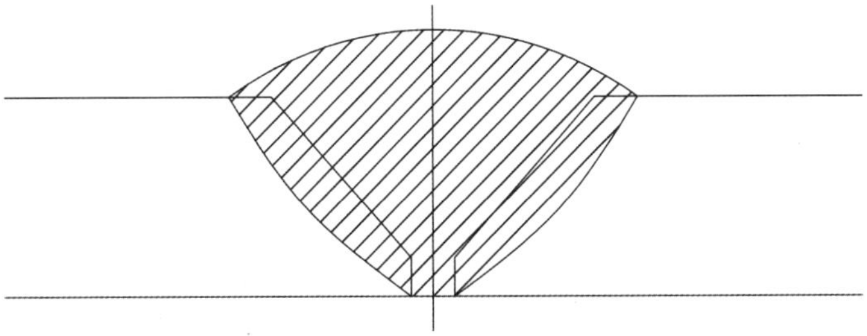

（c）焊接

图4-19 金属的连接方式

# 4.5　金属材料的表面处理工艺

　　金属材料的表面经过预处理之后，就可以进行各种表面装饰。金属材料的表面装饰是非常重要的工艺，分为表面着色工艺和表面肌理工艺，如图4-20所示。表面着色工艺偏重于各种不同形式的着色处理，呈现出的效果

也是千差万别；表面肌理工艺主要是采用锻打、抛光、镶嵌、蚀刻等处理方式。

　　以下介绍5种常用的金属表面处理工艺。

（1）涂覆着色工艺

　　它是在金属表面涂覆有机涂层的工艺，可以起到保护和装饰作用。缺点是涂层易老化、磨损、容易划伤等，如图4-21所示的汽车喷漆就采用了这种方式。

图4-20　金属材料的表面处理

（2）化学着色工艺

　　它是将化学反应形成的有色粒子沉淀在金属表面的着色工艺。其优点是着色控制容易、耐磨性强，如图4-22的家用电器、彩色金属管、指示标牌等，主要用于不锈钢的表面着色，可以更好地提高防锈性，改善外观，提高硬度，防腐蚀，不容易褪色。

（3）阳极氧化工艺

　　它一般指硫酸的阳极氧化，主要用于铝及其合金，使其表面具有很好的防护性、装饰性、绝缘性，从而使漆膜有较好的附着性。如图4-23中的灯具和家具等采用了这种工艺，很好地提升了产品的使用耐久性。

图4-21　涂敷着色的汽车

（a）家用电器

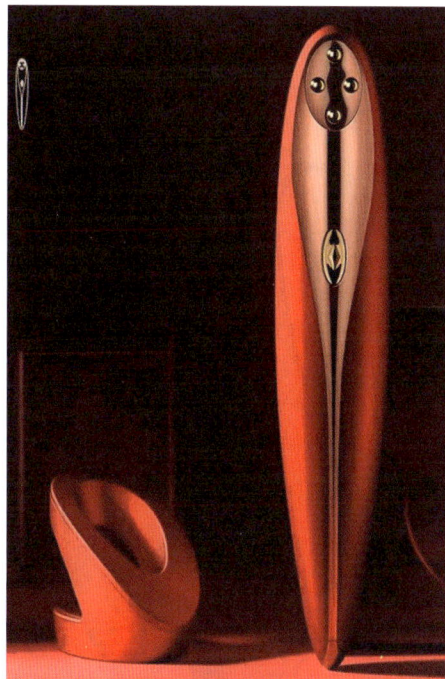

（b）彩色金属管

（c）指示标牌

图4-22 化学着色的产品

图4-23 阳极氧化的产品

（4）镀覆着色工艺

它主要用于不锈钢产品，比如不锈钢表面镀铜、铜锈、镀铬等，形成各种不同效果的产品，如图4-24中所示的产品。

（5）景泰蓝工艺

景泰蓝又被称为"铜胎掐丝珐琅"，属于特种工艺品，是用细扁铜丝做线条，在铜制的胎上捏出各种图案花纹，再将五彩珐琅点填在花纹内，经烧制、磨平、镀金而成。景泰蓝外观晶莹润泽、鲜艳夺目，工艺流程如图4-25所示。

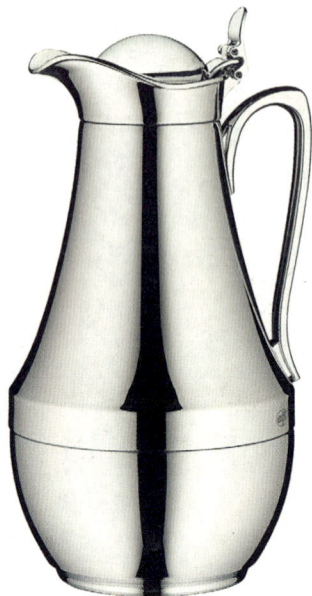

*Notes*

图4-24 镀覆着色的产品

（a）裁料

（b）制胎

（c）掐花

（d）粘丝

（e）点蓝

（f）烧蓝

（g）磨光

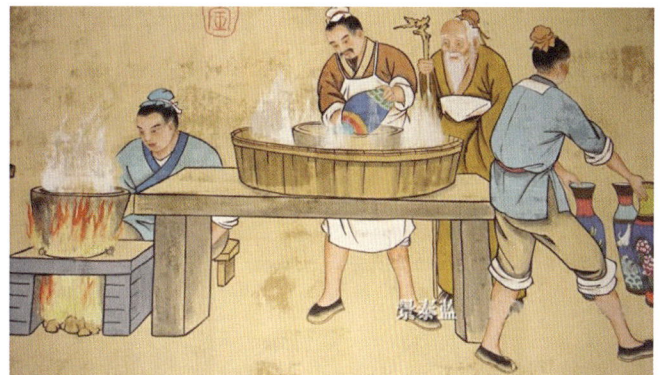

（h）镀金

图4-25　景泰蓝工艺流程示意图

在明代，景泰蓝的造型大都为器皿，大多采用历代陶瓷及青铜器的传统造型。清代是掐丝珐琅工艺发展的一个辉煌时期，皇宫专门设立御用机构，称造办处，并且由于产品大多以孔雀蓝为主，所以人们就把这种工艺品称为景泰蓝。这一称呼一直沿用至今。图4-26为景泰蓝花瓶。

图4-26　景泰蓝花瓶

*Notes*

# 4.6　案例分析与知识点解读

## 案例 1　锤目纹银壶

**设计与应用分析**：锤目纹是金属器物上的常见纹理，尤其以延展性优良的铜器和银器最为常见。它是介于肌理和纹饰之间的装饰手法，虽然依靠手工锤打而出，但不形成具体图案形象。本案例为锤目纹银壶。锤目纹是一种古老的银器加工方式，带有中国传统手工艺的造物基因，这种锤目纹银壶也进而得到较好的传承与应用。

因锤目纹形成的凹凸纹理，手握不但增加了摩擦力，握得更稳，而且有隔空空间，具有一定的隔热效果，整体感觉舒适而不烫手。如今，锤目纹被广泛用于各种材质，比如银、铜、玻璃、陶瓷等，茶具中的茶壶、茶杯、茶则、杯托、茶匙等都可见到锤目纹的工艺。

**知识点**：金属的锤目纹工艺

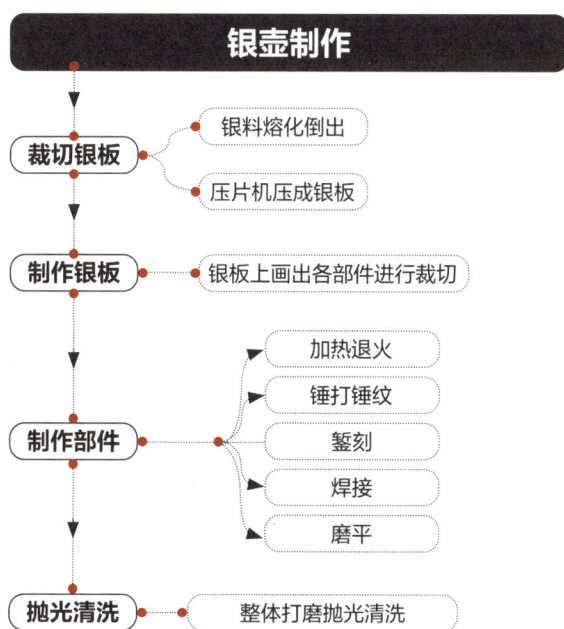

**银壶制作**

- 裁切银板
  - 银料熔化倒出
  - 压片机压成银板
- 制作银板
  - 银板上画出各部件进行裁切
- 制作部件
  - 加热退火
  - 锤打锤纹
  - 錾刻
  - 焊接
  - 磨平
- 抛光清洗
  - 整体打磨抛光清洗

## 案例 2　景泰蓝工艺

**设计与应用分析**：这是景泰蓝制作过程，从这个案例中看出，每一个过程都是由制作人精心雕琢、一丝不苟来完成的。在制作过程中所准备的材料和工具如下：

**（1）材料**

①木板

②金箔丝

③黏合剂

④调色胶

⑤颜料

⑥金箔丝覆膜原料（树脂、固化剂、促进剂、亮光膜）

⑦覆膜工具（量杯、一次性筷子）

**（2）工具**

①大剪刀、锤子（制胎工序）

②小剪子或镊子（掐丝工序）

③滴管或小铲子（点蓝工序）

**知识点**：景泰蓝工艺

（a）手绘设计稿　　　　　　（b）裁板、制胎

（c）掐丝（最富手工艺性）　　（d）烧焊（将固定铜丝在胎上）

（e）点蓝（填入釉料）　　　　（f）烧蓝（固定釉料）

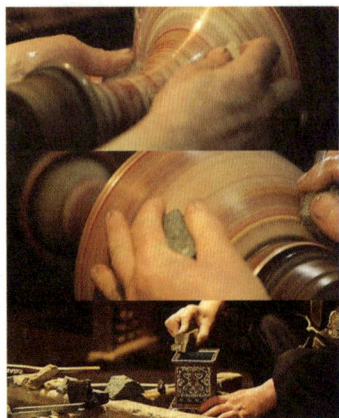

（g）磨光　　　　　　　　　（h）镀金（防止铜丝氧化）

## 案例 3
# "Veryround"椅

**设计与应用分析**：这是由Louise Campbell设计的一把不同寻常的金属椅，Louise Campbell是丹麦设计界的领军人物，她是斯堪的纳维亚设计新运动背后的推动力量，曾获得丹麦年度设计师奖。她的设计理念遵循"绝不偷工减料、挖掘本质、敢于与众不同"。

这把Veryround金属椅，没有明确的椅腿、靠背或座面，而且不是前后摇摆，而是左右摇摆，这样的椅子是独特的。Campbell用纸张手工切割了许多比例模型，简化了每个新模型的设计，最终的模型由270个圆形组成，这些圆形组成了一个圆台形的座椅形状。她的助理Thomas Bentzen花了数周时间将设计转化成数字3D图纸，随后交给Zanotta进行开发并投入生产，用2mm厚的钢板通过立体激光切割工艺完成。激光切割是现代工业革命的一项高科技技术，是一种普及率很高的工业级生产装备，它通过电脑程序的控制，以良好的柔性加工在很大程度上取代了金属板材加工过程中的模具冲压环节，优化了生产工艺。

**知识点**：金属激光切割工艺

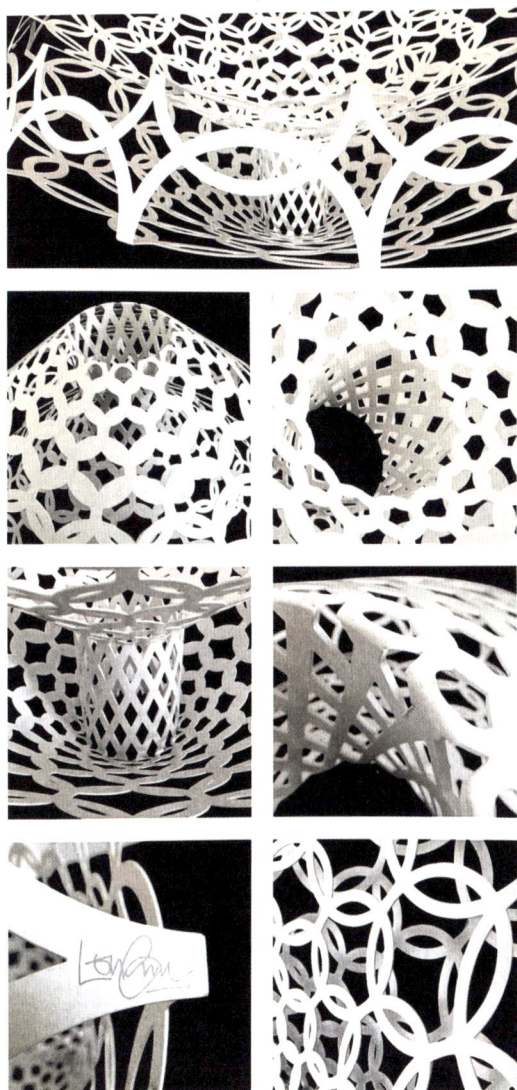

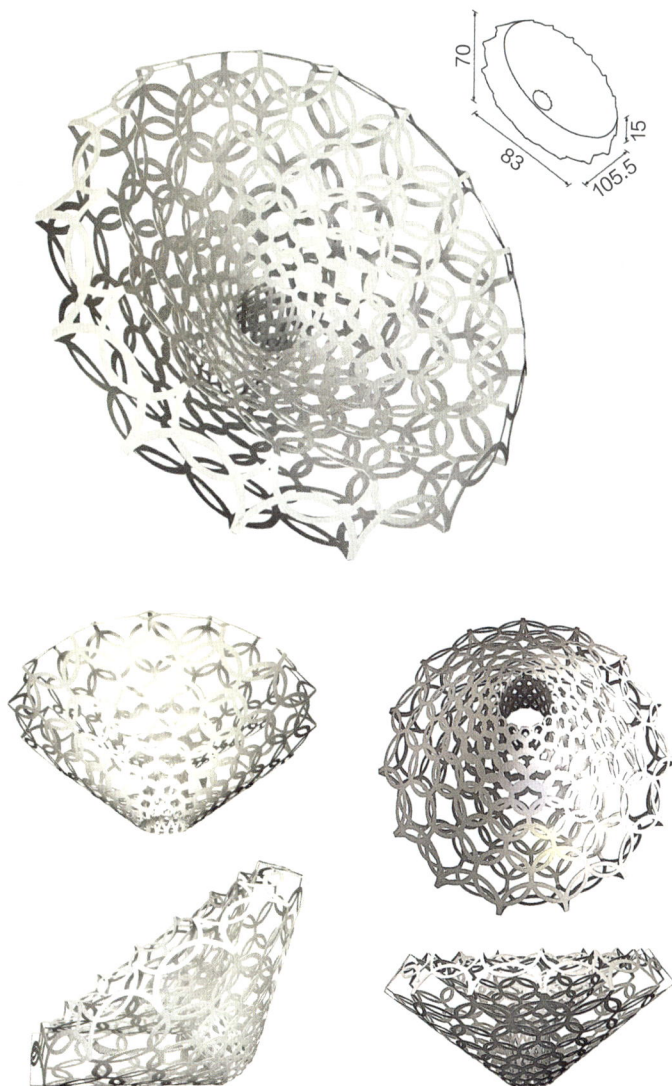

78

45.5

56                56

单位（cm）

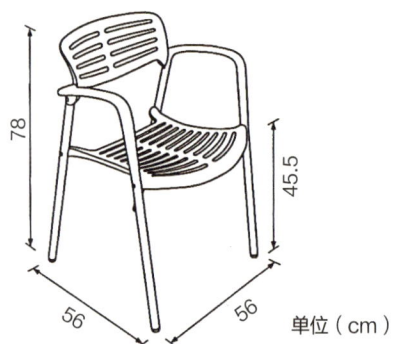

## 案例 4    "Toledo"座椅

**设计与应用分析**：Toledo座椅主要用于户外。这把全铝座椅的特殊之处在于，它巧妙地将4个有机形状的铸造部件与几何形状的腿接合在一起。这种铸造工艺的优点是能形成柔和的弧度，使用时各个部件表面都过渡平滑。座面、椅背、椅腿等各个部分都是通过螺丝连接，组装方便快捷，适合大批量的工业化生产。

**知识点**：金属的铸造工艺与连接方式

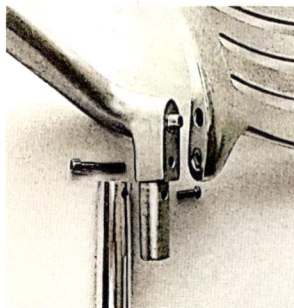

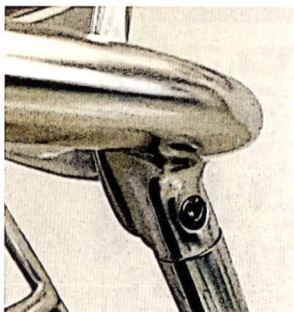

## 案例 5　酒架

**设计与应用分析：** 这是一款由设计师Incurva设计的酒架，产品尺寸为16cmx40cmx8cm。它不仅可以作为单独的产品使用，也可以多个组合使用，可以放酒也可以放杂志，表面用金属木纹漆处理，呈现出木纹的纹理感。

木纹漆属于水性艺术涂料，具有无毒无味、涂膜附着力强、阻燃、耐擦洗、耐酸碱、不褪色等特点，可以呈现各种木纹状的肌理图案，底色和面色可以自由搭配，图案也可任意创作。木纹漆主要分为底漆和面漆，在施工时需要专业技工来完成。

金属木纹漆施工工艺一般分为以下步骤。

第一步：用滚筒滚一遍底，底漆要平整，颜色要均匀；第二步：等底漆干透之后涂刷面漆，面漆涂刷要均匀；第三步：用专业的三青仿古木纹漆工具拉出木纹效果，木纹可粗可细，木纹颜色也可以随意搭配；第四步：上罩面漆，可以防尘放水，延长使用寿命，并且增加光泽度。

**知识点：** 金属表面的木纹漆工艺

*Notes*

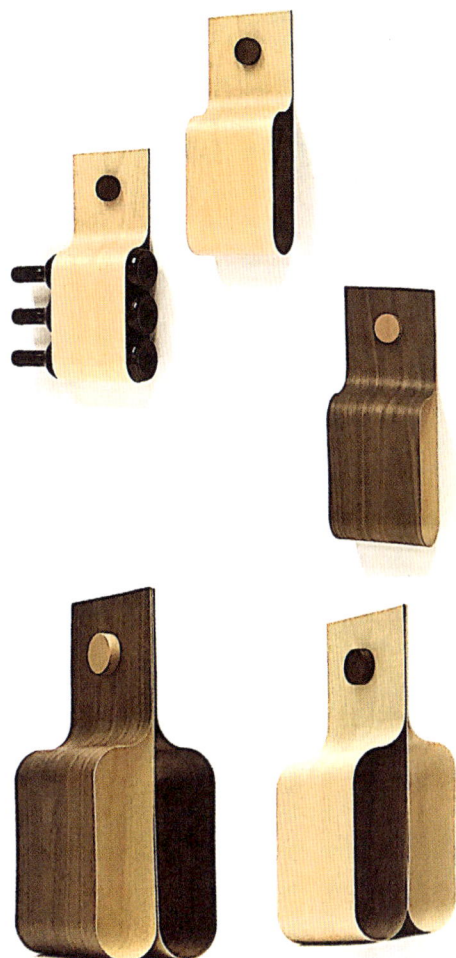

## 案例 6　桌面收纳产品

**设计与应用分析：** 这是一组通过金属铸造工艺设计的桌面收纳产品，产品呈现出厚重的金属质感，带有浓浓的工业风。每一个产品的造型都与不同的物品相对应，使收纳更加便捷且具有很好的识别度。

金属铸造工艺是将熔化的液态材料注入模具型腔中，可以铸造出各种造型的金属产品。在追求创新的产品设计中，既要形成自己独特、现代、充满活力的风格，又要保留材料质感的可识别度，在这组设计中就很好地利用了材料来展现设计的风格特色。

**知识点：** 金属的铸造工艺

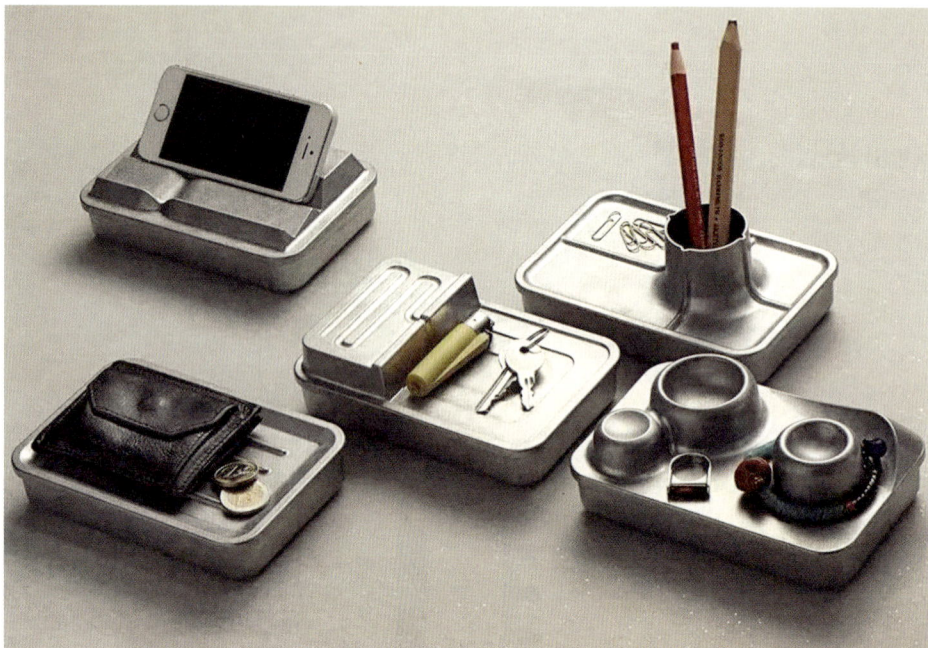

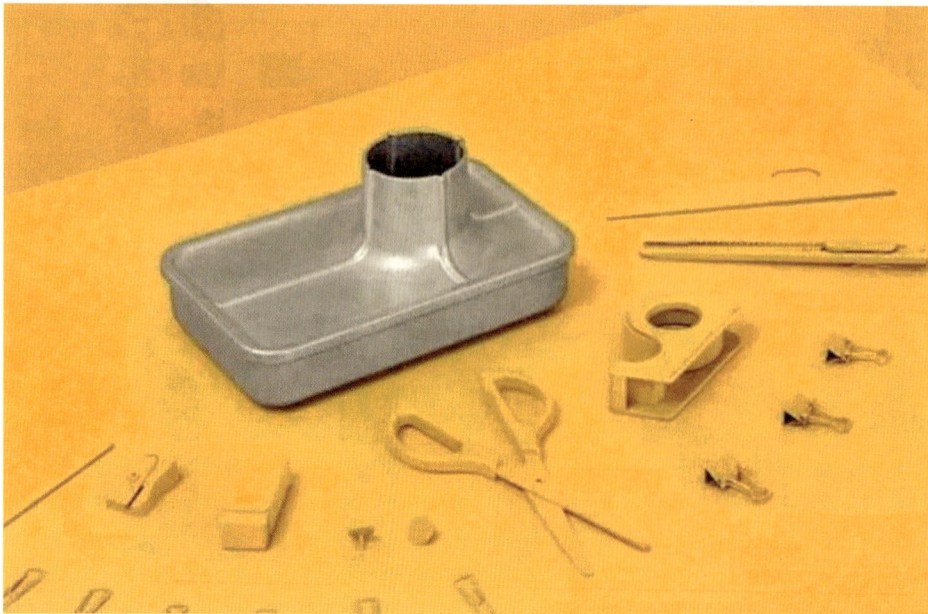

## 案例 7    金属镂空灯具

**设计与应用分析**：这是一组用金属镂空工艺设计制作的灯具产品。金属具有良好的塑性和切削加工性，非常适合进行镂空加工，展现出的肌理效果也非常丰富，灯光透过镂空的灯罩，形成光与影的变化。而金属自身的硬度不会因为表面镂空而降低强度，不影响产品的成型。激光切割机加工省去了传统加工中的开模步骤，节省成本的同时，有效地提升了加工效率。

**知识点**：金属的切割工艺与灯具设计

## 案例 8　　金属座椅

　　**设计与应用分析：**这是波兰设计师Oskar Zieta的设计作品，以薄如纸的金属板为制作材料，通过自己独创的气压成型法（FiDU）使作品既轻便又坚固，呈现出独特的未来感和雕塑感。设计师打破了传统金属板薄片的构成形式，用犹如充气的塑料气囊形式感与金属的刚硬和冷峻形成鲜明的对比，金属表面还进行了抛光或喷砂或镀膜等表面处理，呈现出一种独特的风格语言。

　　**知识点：**金属的气压成型工艺

## 案例 9　"MARCA"创意灯具

**设计与应用分析：**这是由Barbara Brondi和Marco Raino共同创造的"MARCA"创意灯具系列，灯具的组件由纤细的金属丝构成一种柔性之美，用户可以根据不同配件进行组装，同一组件也可以任意调整形态。该灯由于其制造利用了金属材料的可塑性，其结构可以采用多种构造，并且可以用作悬浮光源，也可以放在桌子上或地面上，很好地与建筑和室内空间相协调。

**知识点：**金属可塑性的创意设计

## 案例 10　Y模块吊灯

**设计分析与应用：**这件作品是由设计师李尚哲（Shang Che Lee）和开始创新股份有限公司（XEY Innovation）的设计团队一起完成。

随着全球城市化的迅速发展，越来越多的人们涌入城市，如何在有限的空间中满足人们的住房需求变得至关重要。正是在这样的背景下，设计师针对这一痛点进行设计，于是催生了Y模块照明解决方案。它强调了与各种生活空间的兼容性、易组装和现代时尚的外观。铝的使用让灯具更容易加工和组装，确保照明解决方案能够更好地适合各种生活方式和空间情境。Y模块灯具使现代生活更灵活便捷，通过灯具的照明能够提升动态的生活空间。

**知识点：**铝在灯具设计中的应用

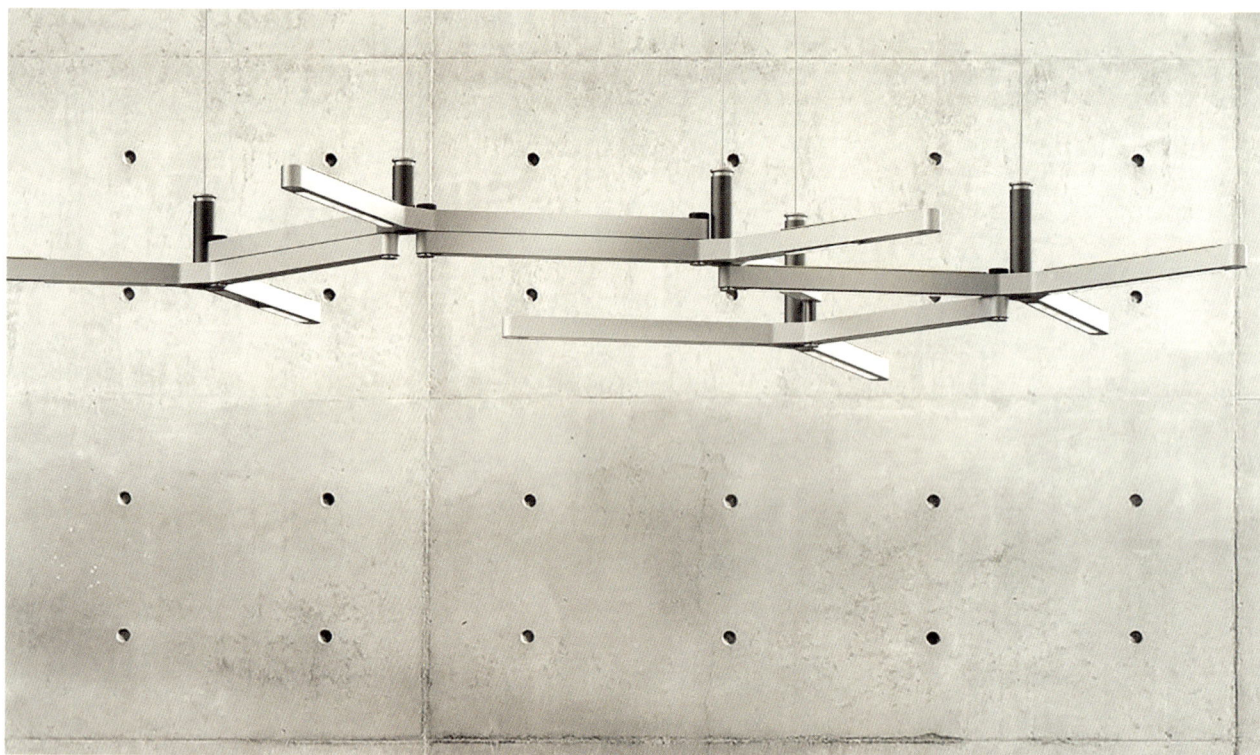

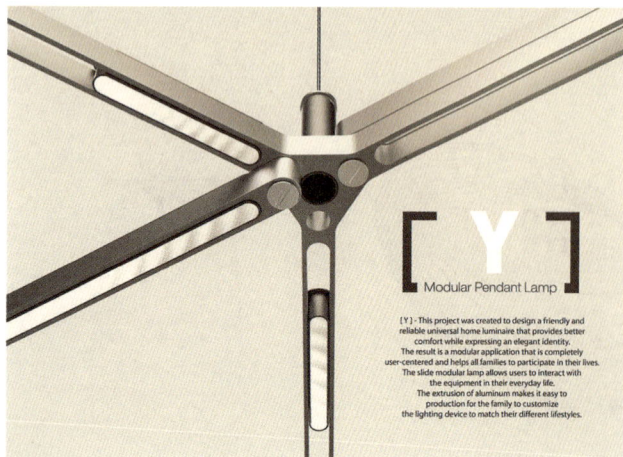

**［Y］**
Modular Pendant Lamp

［Y］- This project was created to design a friendly and
reliable universal home luminaire that provides better
comfort while expressing an elegant identity.
The result is a modular application that is completely
user-centered and helps all families to participate in their lives.
The slide modular lamp allows users to interact with
the equipment in their everyday life.
The extrusion of aluminum makes it easy to
production for the family to customize
the lighting device to match their different lifestyles.

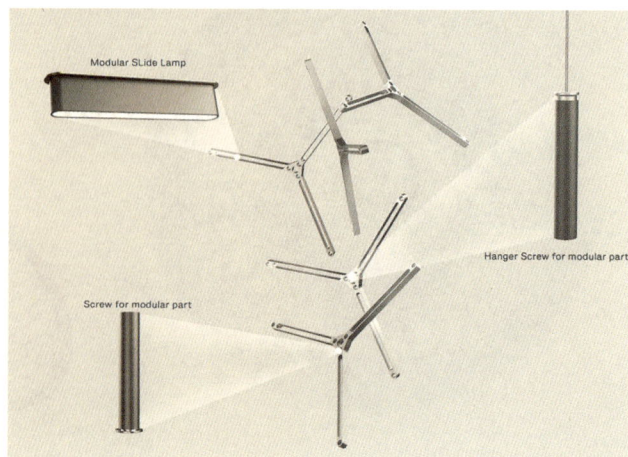

Modular SLide Lamp

Hanger Screw for modular part

Screw for modular part

## 案例 11　"Flag Lamp" 灯

**设计与应用分析**：这是一款非常富有创意又很人性化的灯具。打开灯的同时，便签纸也会被照亮，它既是灯具，又是便签纸，提醒使用者的同时也减少了便签纸乱贴造成的桌面杂乱。金属板材既薄又易于成型，表面处理使灯具拥有更好的质感和耐用性。

**知识点**：金属板材特性与成型工艺

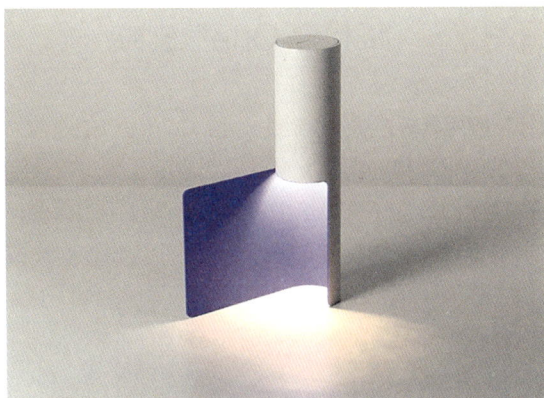

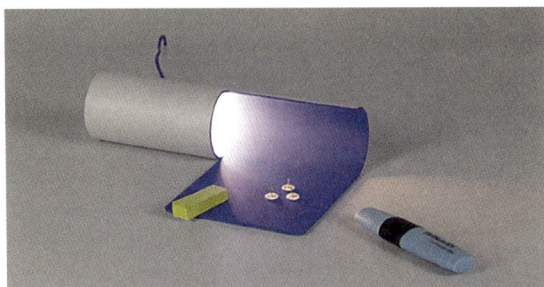

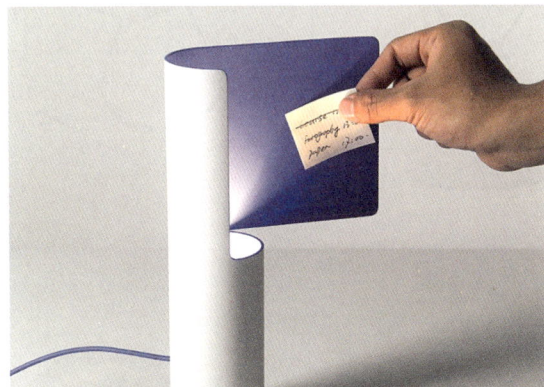

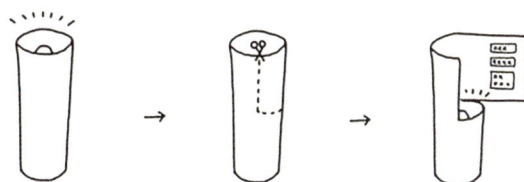

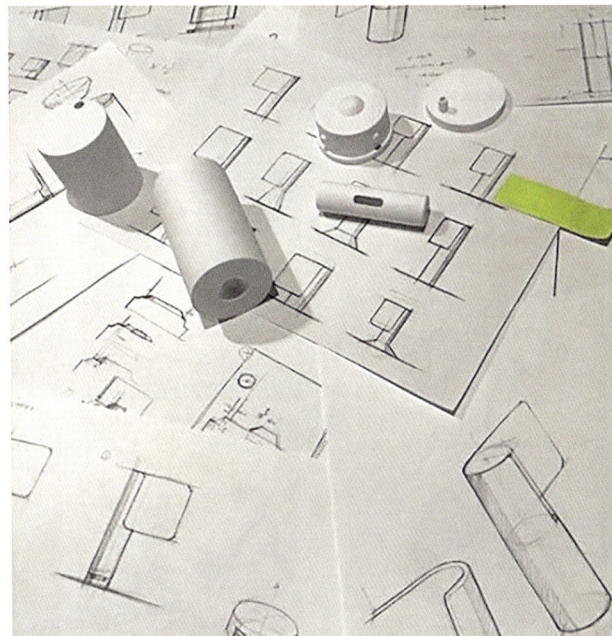

## 案例 12　　"Chair One"座椅

**设计与应用分析**：这是Konstantin Grcic设计的座椅。设计灵感来自足球球面切割，设计师对座面主体进行镂空处理，充满了时尚与个性。这把座椅的座面采用压铸成型工艺，通过铆钉与座椅基座进行固定，整个座椅由一体成型座面、底座和五金件组成，安装简便。

**知识点**：金属压铸成型工艺和连接方式

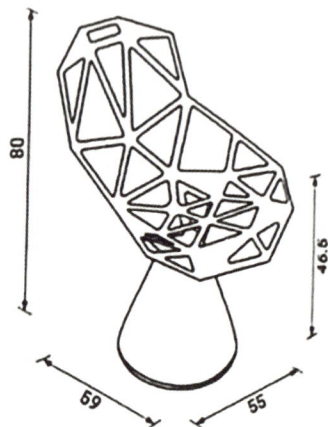

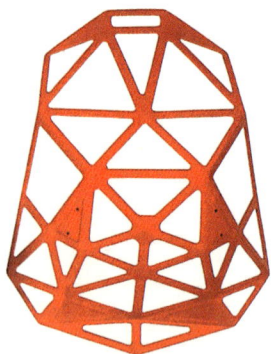

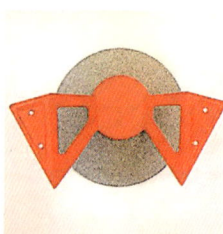

## 案例 **13**　边几

**设计与应用分析**：这是一款现代极简风格的设计。整件产品由上下2个托板、1个支架、2个车轮、1个横撑和轴以及若干五金件组成。该家具充分利用了金属板材的优势，通过裁切、冲孔等工艺，使全部零件都是可拆卸的，可扁平化包装，组装也方便快捷。

**知识点**：金属板材加工工艺、金属部件的连接与组装

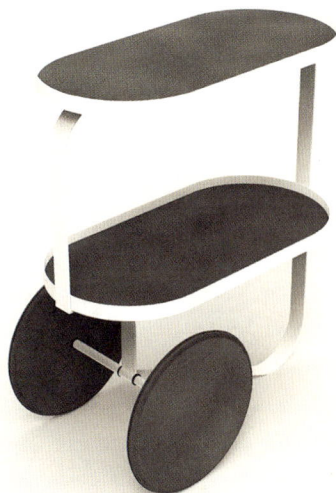

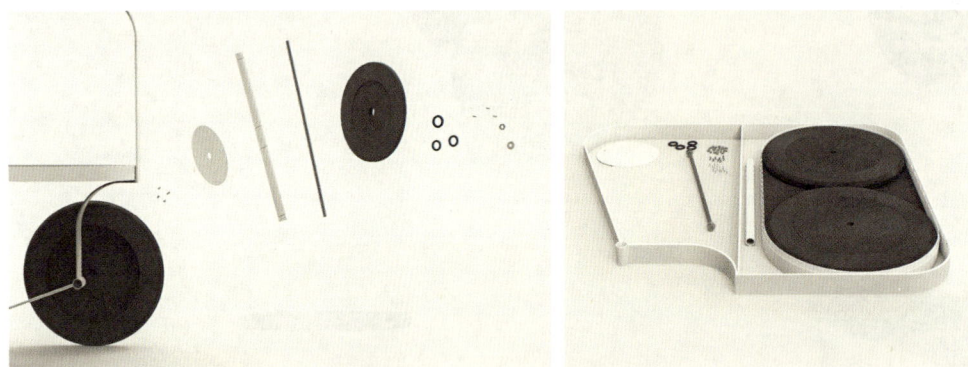

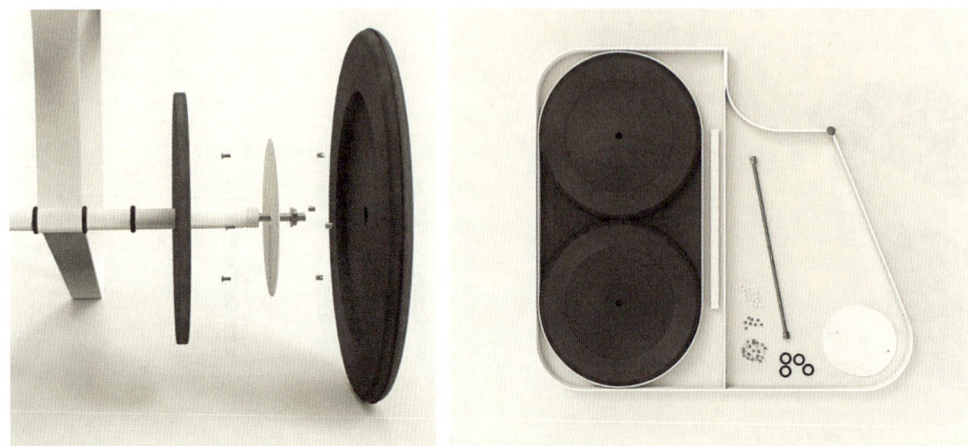

# 5

## 塑　料

# 5.1    塑料的基础知识

塑料是具有可塑性高分子化合物的统称，在人们日常生活中应用很广泛。塑料根据受热后的不同性质分为热塑性塑料和热固性塑料两种类型，前者可以再重复生产，后者则无法重复使用。图5-1对塑料的定义和分类进行了归纳。在家居产品设计中经常使用的塑料有玻璃纤维增强塑料（玻璃钢）、ABS树脂、泡沫塑料、亚克力等。

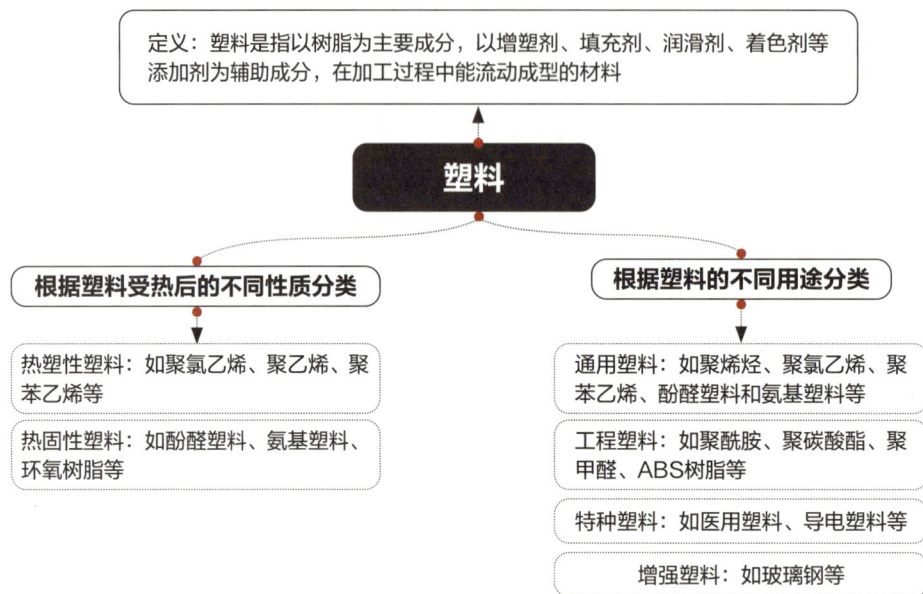

定义：塑料是指以树脂为主要成分，以增塑剂、填充剂、润滑剂、着色剂等添加剂为辅助成分，在加工过程中能流动成型的材料

**塑料**

**根据塑料受热后的不同性质分类**

热塑性塑料：如聚氯乙烯、聚乙烯、聚苯乙烯等

热固性塑料：如酚醛塑料、氨基塑料、环氧树脂等

**根据塑料的不同用途分类**

通用塑料：如聚烯烃、聚氯乙烯、聚苯乙烯、酚醛塑料和氨基塑料等

工程塑料：如聚酰胺、聚碳酸酯、聚甲醛、ABS树脂等

特种塑料：如医用塑料、导电塑料等

增强塑料：如玻璃钢等

图5-1　塑料的定义及分类归纳

塑料产品的优缺点也很明显，优点有色彩绚丽、轻巧方便、品种多样、制造成本低、耐用、防水等。缺点是回收利用困难，容易老化、变色，不耐磨，容易燃烧、易产生有毒气体等。塑料并不是一种纯物质，它的组成如图5-2所示。由于选用树脂及辅助材料的性能、成分、配比及参数等的不同，其工艺特性也各不相同。所以，在设计塑料产品时只有了解所用塑料种类的工艺特性，才能设计出各种具有创意又造型美观的产品，如图5-3所示的是塑料家具产品。

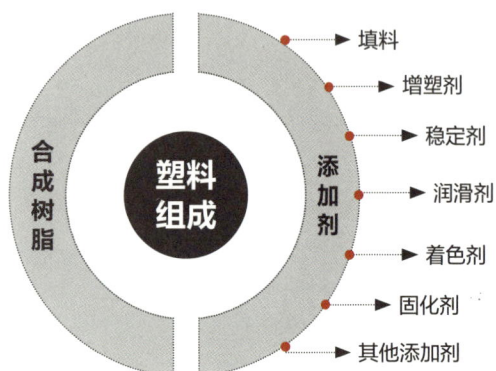

合成树脂

**塑料组成**

添加剂

填料

增塑剂

稳定剂

润滑剂

着色剂

固化剂

其他添加剂

图5-2　塑料的组成

图5-3　塑料家具

## 5.2　塑料的性能

塑料的性能特点主要分为物理、化学和力学性能。只有了解其性能，才可以在设计过程中根据产品的功能和造型需要进行最优化的选择。图5-4为塑料的性能归纳。

作为设计类学科的学生，需要对塑料的应用、种类、工艺流程等方面有宏观的了解。这里列举10种常见的塑料进行简要的介绍。

（1）ABS塑料

化学名称：丙烯腈-丁二烯-苯乙烯共聚物

英文名称：Acrylonitrile butadiene styrene

ABS塑料是一种热塑性合成树脂，因其具有较好的平衡性、可裁切、坚硬牢固、抗冲击性好、耐冷热性好、加工简单、光泽度好、易于着色、成本较低等特点，被广泛应用在电子产品、家用电器、汽车、机械、家具等行业，现在很多手办模型也是用ABS塑料制作，如图5-5所示。其主要工艺有钢模注铸、注射铸模、TPO注射铸模等。

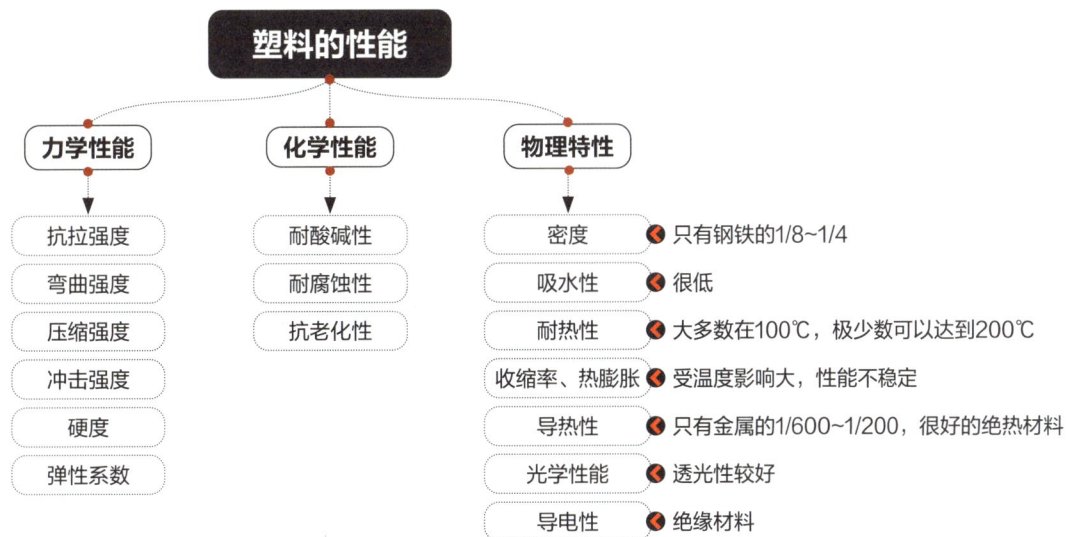

**塑料的性能**

**力学性能**
- 抗拉强度
- 弯曲强度
- 压缩强度
- 冲击强度
- 硬度
- 弹性系数

**化学性能**
- 耐酸碱性
- 耐腐蚀性
- 抗老化性

**物理特性**
- 密度 ◀ 只有钢铁的1/8~1/4
- 吸水性 ◀ 很低
- 耐热性 ◀ 大多数在100℃，极少数可以达到200℃
- 收缩率、热膨胀 ◀ 受温度影响大，性能不稳定
- 导热性 ◀ 只有金属的1/600~1/200，很好的绝热材料
- 光学性能 ◀ 透光性较好
- 导电性 ◀ 绝缘材料

图5-4　塑料的性能归纳

图5-5　ABS塑料的产品

（2）PP塑料

化学名称：聚丙烯

英文名称：Polypropylene

这种材料价格相对便宜，是无色半透明的热塑性轻质通用塑料。它具有耐化学性、耐热性、电绝缘性、高耐磨性、高强度机械性能和高耐磨加工性能，具有利用规模生产降低单件成本等优势，适合大规模生产，被广泛应用在家具、包装、照明设备、食物包装、桌垫、文件夹等产品，如图5-6所示。其主要工艺有注塑成型。

（3）PC塑料

化学名称：聚碳酸酯

英文名称：Polycarbonate

PC塑料是一种现代材料，重量轻又很坚硬，可以处理成多种不同颜色和表面效果。20世纪50年代初，PC塑料被美国通用电器公司（GE）意外发现，它具有高强度、高度透明性、自由染色性、尺寸稳定、耐疲劳、抗高温、防火防辐射、可回收、无毒等特点。常被应用在家用电器（如电脑、电视等）、安全头盔、眼镜、水杯、奶瓶、厨房用具等，如图5-7所示。其主要工艺为注塑成型。

图5-6　PP塑料的产品

图5-7　PC塑料的产品

图5-8　PET塑料的产品

（4）PET塑料

化学名称：聚对苯二甲酸乙二醇酯

英文名称：Polyethylene terephthalate

PET塑料具有耐化学性、坚硬耐久、良好的表面磨光性和抗压性的特点，是可回收利用性最强的塑料之一。通常用于食品和软性饮料的包装、薄膜片材、电子产品、汽车配件、机械设备等，如图5-8所示。其主要工艺为注铸、吹塑成型。

（5）PU塑料

化学名称：聚氨酯

英文名称：Polyurethane

PU塑料在常温下是固态或半固态，加热后变成液态。相对于水或树脂类的凝胶体而言，其优点是不含可塑剂，经过较长的时间也不易失去基本特性。它具有良好的散压性、透气性、吸震性强、吸压性强、弹性高、不褪色、可粘贴、不刺激皮肤等优点，一般被应用在自行车座、家具座垫、鞋垫、办公用椅、网球拍的手柄等。常见的PU皮革就是由PU塑料制成，如图5-9所示。其主要工艺有注铸、压印、切割等。

*Notes*

图5-9　PU塑料的产品

（6）PVC塑料

化学名称：聚氯乙烯

英文名称：Polyvinyl chloride

PVC塑料的应用非常广泛，从日常生活的门窗、水管、电缆护套，到玩具、包装、鞋、信用卡等，几乎到处都有它的踪影。此外，PVC塑料也是比较廉价的材料之一。它有弹性、容易上色、有多种硬度、耐低温、可印刷、可回收利用、有良好的抗撕拉和抗磨损性以及良好的抗油性。PVC塑料主要被应用在食物包装、软性饮料瓶、电子产品、啤酒瓶等，如图5-10所示。其主要工艺有挤压成型、注铸和吹塑。

（7）CA塑料

化学名称：乙酸纤维素

英文名称：Cellulose acetate

CA塑料是一种传统聚合物，有明亮的色彩和糖浆般透明的质感。它具有低热传导性好、生产灵活、视觉效果丰富、流动性好、表面光泽度高、电绝缘性好、自体发亮、透明度高、抗压性强、可循环利用等特点，通常被应用在工具手柄、发夹、玩具、护目镜、头盔、眼镜框、牙刷、餐具手把、梳子、照片底片等产品，如图5-11所示。其主要工艺为钢模注铸、二次注铸等。

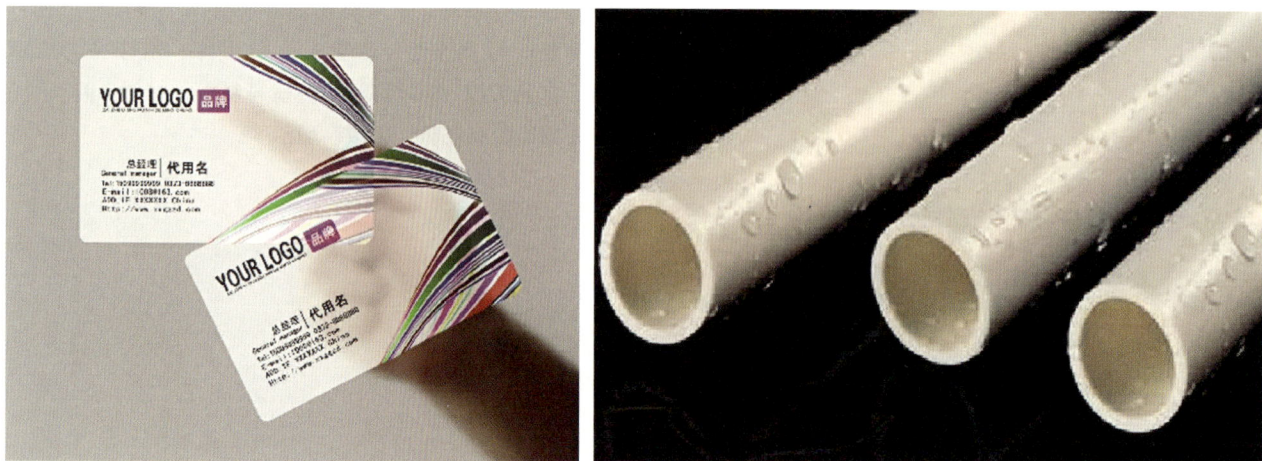

图5-10　PVC塑料的产品

图5-11　CA塑料的产品

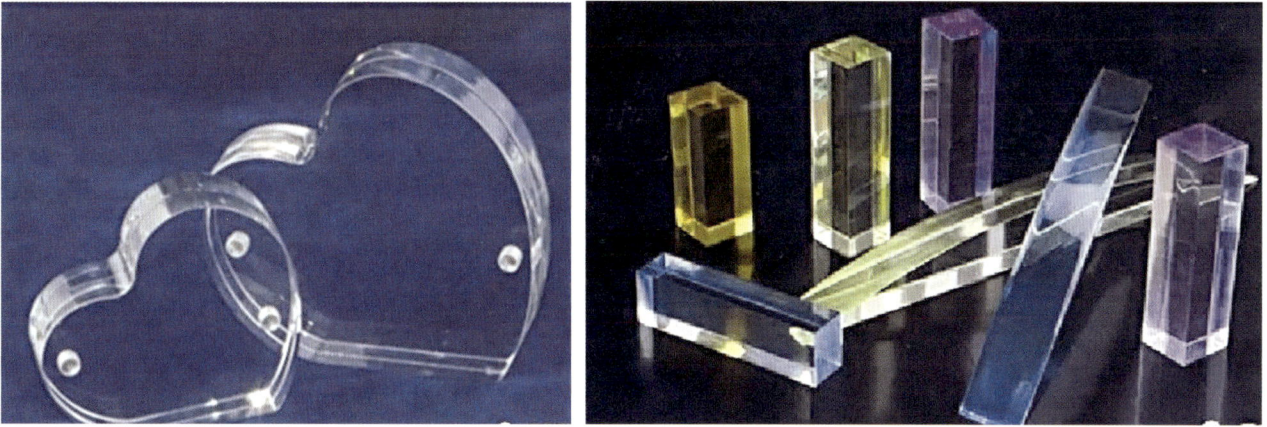

图5-12 PMMA塑料的产品

图5-13 PE塑料的产品

（8）PMMA塑料

化学名称：聚甲基丙烯酸甲酯

英文名称：Polymethyl methacrylate

PMMA塑料是20世纪30年代开始逐渐发展起来的，最初主要用在安全玻璃顶部转动装置。1934年首次被注册为有机玻璃。它具有透明和轻便的特性，这使它成为一种有趣的新型塑料，被很多前卫的产品设计师应用在现代家具和室内装饰中。它具有良好的抗化学性、抗风化性、高附着性、可完全回收利用、表面硬度高、耐久性好的特点，还有多种颜色可以选择，这些特点也使它很受设计师的青睐。常常被应用在展示用品、标牌、室内用品、家具、照明设备、有机玻璃等产品，如图5-12所示。其主要工艺为注塑成型。

（9）PE塑料

化学名称：聚乙烯

英文名称：Polyethylene

PE塑料具有耐腐蚀性、电绝缘性的特点，其中低压聚乙烯适用于制作耐腐蚀零件和绝缘零件；高压聚乙烯适用于制作薄膜等产品；超高分子量聚乙烯适用于制作减震、耐磨及传动零件，被广泛应用于制造薄膜、中空制品、纤维和日用杂品等，如图5-13所示。其主要工艺有吹塑、挤出、注射成型等。

（10）PS塑料

化学名称：聚苯乙烯

英文名称：Polystyrene

PS塑料的流动性好、加工性能好、易着色、尺寸稳定性好，可用注塑、挤塑、吹塑、发泡、热成型、黏接、涂覆、焊接、机械加工、印刷等方法加工成多种产品，如图5-14所示。

图5-14　PS塑料的产品

# 5.3　塑料的结构设计与加工工艺

（1）塑料的连接方式

塑料和木材一样可以进行各种机械加工，比如锯、切、车、铣、刨、钻、螺纹加工等。塑料的主要连接方式有3种：一是机械连接，通过压配、卡扣、螺纹和铆接等方式连接，可以拆卸；二是黏接，用溶剂或者胶黏剂连接；三是焊接，做成固定式结构。图5-15是对塑料的加工方式和连接方式的归纳。

（2）塑料的结构设计

在塑料的结构设计中，以下4个关键环节很重要：壁厚与圆角、脱模斜度、加强筋、洞孔。壁厚与圆角要注意避免壁厚突然有巨大的变化，因为塑料脆性较大，加工成锐角容易断裂。脱模斜度一般在0.5°~1°比较好。加强筋厚度最好小于壁厚，并且以圆弧过渡。加强筋是增加塑料的刚性和强度所必须的，按比例分布，厚度一般不小于产品的壁厚，并且以圆弧过渡。塑料的通孔、盲孔和异形孔这3种形式的洞孔设计，可以根据形态的不同进行选择，从而更好地保证塑料的受力均衡。图5-16是对塑料结构设计的归纳。

*Notes*

**机械加工：** 包括锯、切、车、铣、磨、刨、钻、喷砂、抛光、螺纹加工等

## 塑料的加工与连接

**机械连接：** 可拆卸，但需要钻孔、切螺纹等
连接方式：
①压配连接
②卡扣连接
③螺纹连接
④铆接

**黏接：** 在溶剂或胶黏剂的作用下连接、操作简便、成本低、效率高、外观整洁无裂隙
连接方式：
①溶剂连接
②胶黏剂连接

**焊接：** 通过受热熔化结合在一起，然后冷却固化
焊接方式：
①热风焊接
②外加热工具焊接
③感应焊接
④超声波焊接

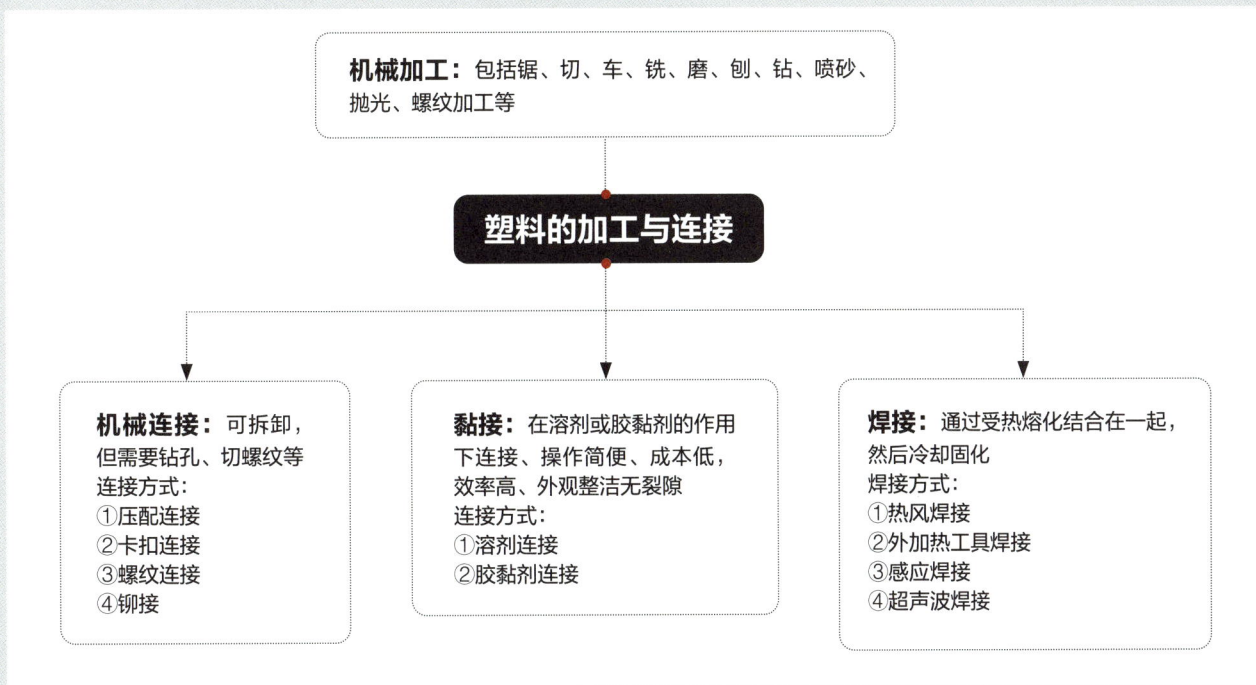

图5-15　塑料的加工方式和连接方式归纳

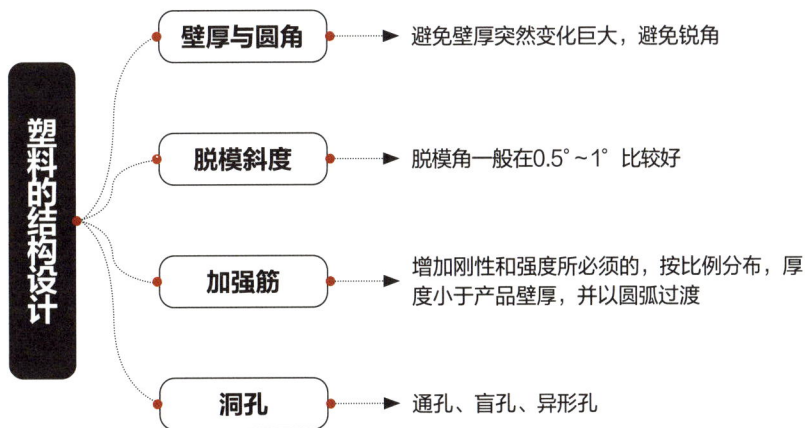

**塑料的结构设计**

**壁厚与圆角** ▶ 避免壁厚突然变化巨大，避免锐角

**脱模斜度** ▶ 脱模角一般在0.5°~1°比较好

**加强筋** ▶ 增加刚性和强度所必须的，按比例分布，厚度小于产品壁厚，并以圆弧过渡

**洞孔** ▶ 通孔、盲孔、异形孔

图5-16　塑料的结构设计归纳

*Notes*

# 5.4 塑料的表面处理工艺

　　塑料的表面处理工艺主要介绍以下6种，如图5-17所示。塑料制品表面的梨纹、橘皮纹、木纹等都属于咬花处理工艺。塑料表面还可以进行镭雕（激光雕刻）、喷涂、电镀。此外，印刷的工艺在塑料表面装饰中也应用较多，通过丝网印、烫印、曲面印刷等产生多种不同的表面效果。模内装饰工艺是将已经印好的图案膜片放入金属模具中，将成型用的树脂注入其中。这些表面处理工艺极大地丰富了塑料产品的形式。

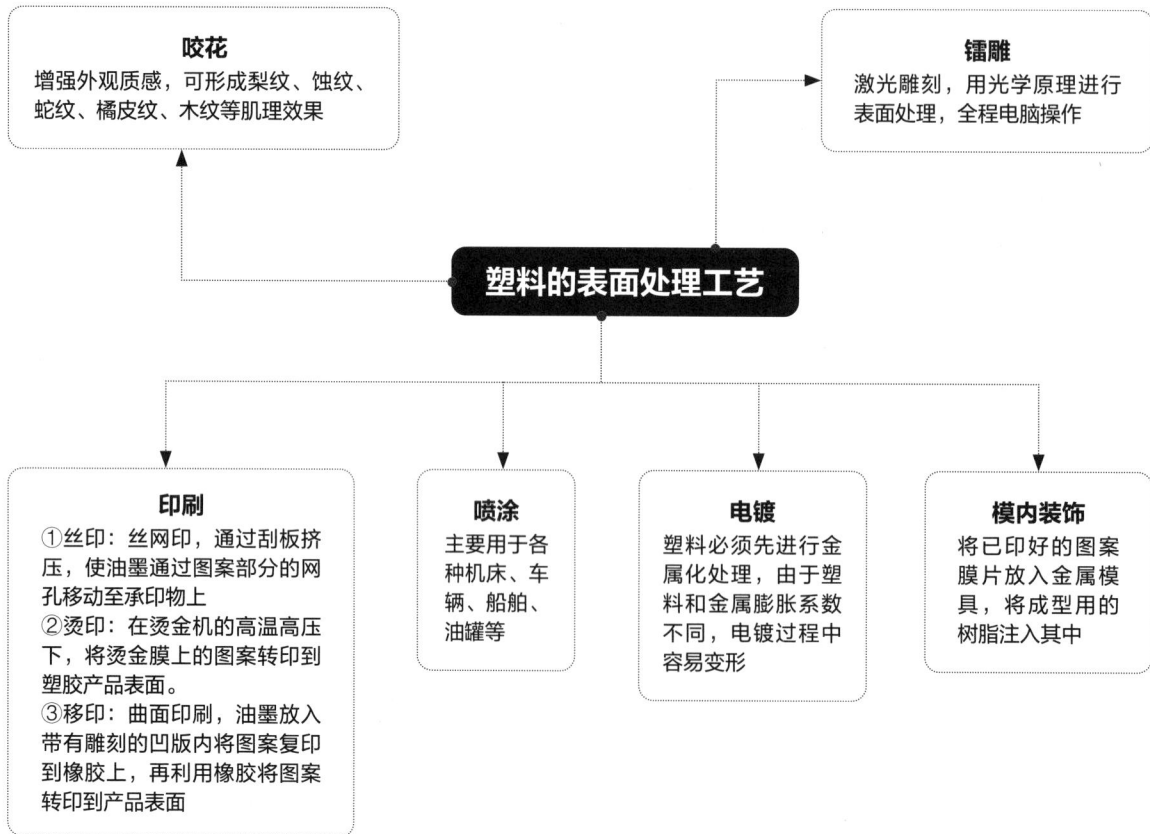

**咬花**
增强外观质感，可形成梨纹、蚀纹、蛇纹、橘皮纹、木纹等肌理效果

**镭雕**
激光雕刻，用光学原理进行表面处理，全程电脑操作

**塑料的表面处理工艺**

**印刷**
①丝印：丝网印，通过刮板挤压，使油墨通过图案部分的网孔移动至承印物上
②烫印：在烫金机的高温高压下，将烫金膜上的图案转印到塑胶产品表面。
③移印：曲面印刷，油墨放入带有雕刻的凹版内将图案复印到橡胶上，再利用橡胶将图案转印到产品表面

**喷涂**
主要用于各种机床、车辆、船舶、油罐等

**电镀**
塑料必须先进行金属化处理，由于塑料和金属膨胀系数不同，电镀过程中容易变形

**模内装饰**
将已印好的图案膜片放入金属模具，将成型用的树脂注入其中

图5-17　塑料的表面处理工艺归纳

## 5.5　案例分析与知识点解读

### 案例 1　环形折叠灯

**设计与应用分析**：这款灯具乍一看，很难想象它是由一条缠绕在自身上的塑料条设计的。这是一个天才的想法，因为它可以调节灯的形状和照明的方向。在灯具的金属底座上，有一个小滑块，可以让灯以不同的方式固定。此外，它还可以完全折叠起来，放在纸板箱里，扁平化包装也让灯具的运输更为方便。

这是设计师Mauricio Klabin设计的灯具，由法国品牌Objekto出品，从原料到零件都是在欧洲制造，并且使用环保材料，是可持续设计和应用的优秀案例。这个品牌中有很多作品并非出自设计师之手，而是来自建筑师、橱柜制造商或工程师的作品，他们会从更多不同的视角看待产品，并尽可能突破一切传统的可能性，去挑战和创造新的方式。这款环型折叠灯，已经被纽约现代艺术博物馆（MoMA）永久收藏。

这款灯的设计将生活的艺术融入其中，以塑料的可持续设计为理念，把方便使用和便捷收纳为基础，真正设计出了一款环保便民的产品。

**知识点**：塑料的可持续设计

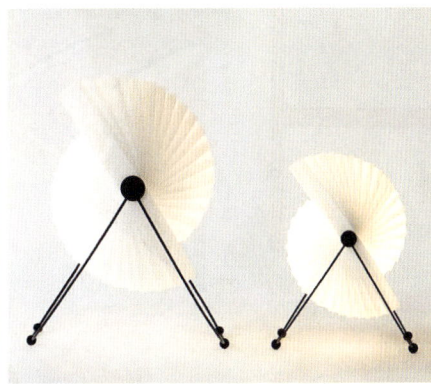

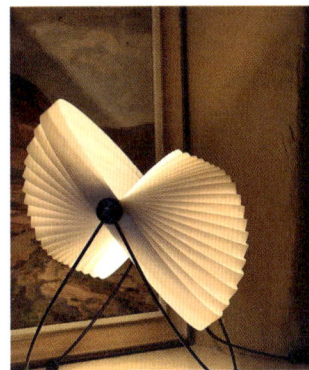

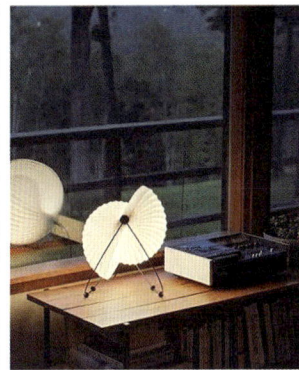

## 案例 2    折叠座椅

**设计与应用分析：** 这款可以折叠的座椅，主体构件是由塑料预先加工成型，然后通过螺栓进行组装接合。这种形式既轻便又实用，同时适合批量加工以及小空间收纳，也更适合工业化的批量化生产。

**知识点：** 塑料的连接方式

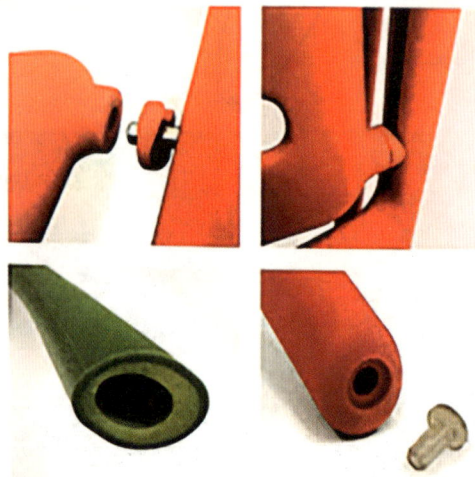

## 案例 3　儿童可折叠座椅

　　**设计与应用分析：**这是一款儿童塑料家具产品，采用EVA材料。塑料的轻量化、多颜色、可清洗等特点，特别适合做成儿童家具，这个案例是可以DIY的片状家具，用最简单的方式组装即可，具有便于携带、方便折叠存放等优点。

　　**知识点：**儿童塑料家具设计

*Notes*

## 案例 4    Re-ing 甜点露露椅

**设计与应用分析**：此设计以烘焙甜点可丽露为主要灵感，其作品名为"露露椅"，法文为"Tabouret cannelé"，使用大型与小型回收物件的同种塑胶融合而成，不仅解决了塑胶的去化量，也方便再次进入回收系统。设计师和其团队希望借此让回收塑胶有第二次、第三次，甚至是无限次的循环利用。原料来自回收的大型玩具、日常塑胶回收料、海样废塑胶等，让回收的塑胶能够再生并量产。设计师希望使用这些家具的小朋友们，也能够认识到环保的重要性，让可持续理念通过这些造型可爱有趣的家具产品，走进人们的生活。

**知识点**：塑料的可持续设计与应用

### 制作过程

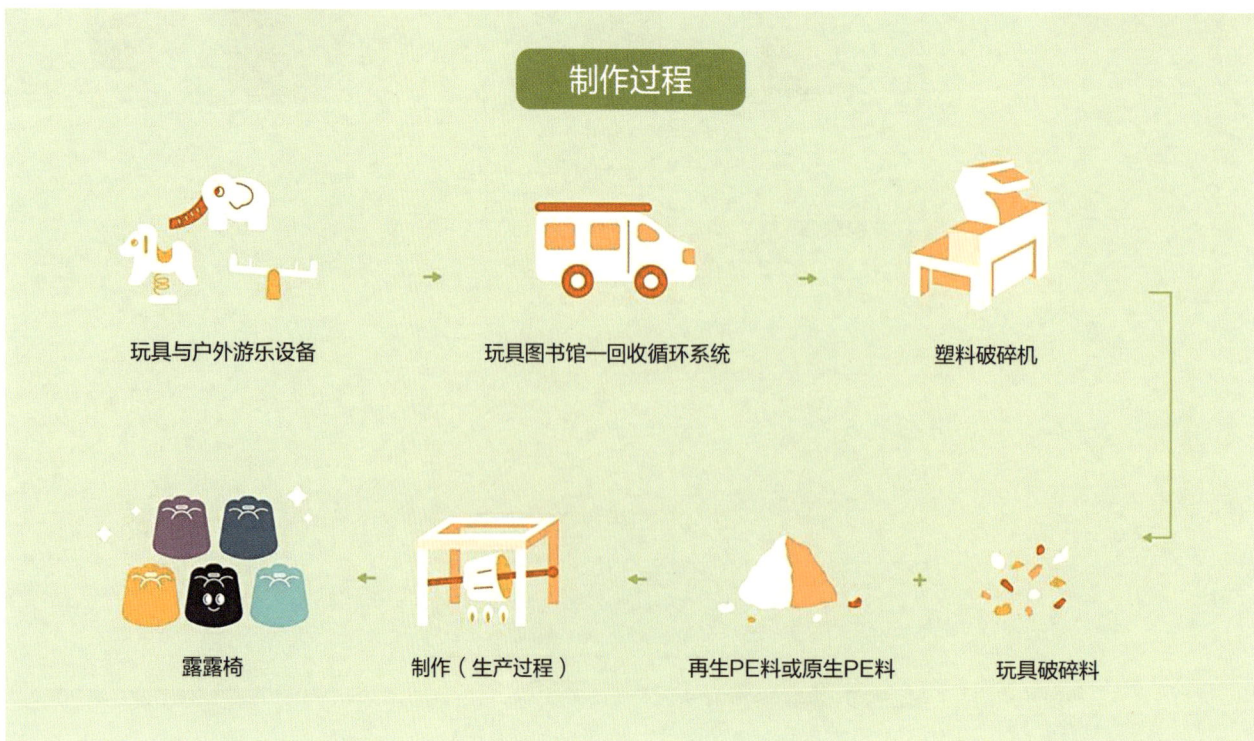

玩具与户外游乐设备 → 玩具图书馆—回收循环系统 → 塑料破碎机

露露椅 ← 制作（生产过程） ← 再生PE料或原生PE料 ← 玩具破碎料

## 案例 5　环保垃圾桶

**设计与应用分析**：这是一款获奖的环保垃圾桶，通过桶最上缘的凹齿，使用者可以自主悬挂垃圾袋，从而起到明显的垃圾分类的作用，配上可回弹桶盖，使用非常方便。这样的垃圾桶采用塑料是最优选择，因为塑料易于清洗、价格便宜、重量轻、加工简便。

**知识点**：塑料的创意设计

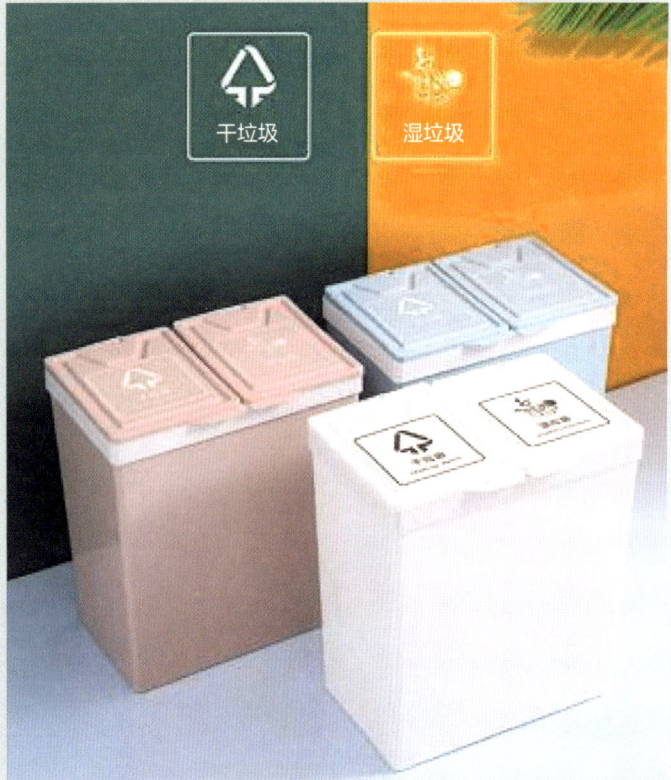

2014红点奖：环保垃圾箱

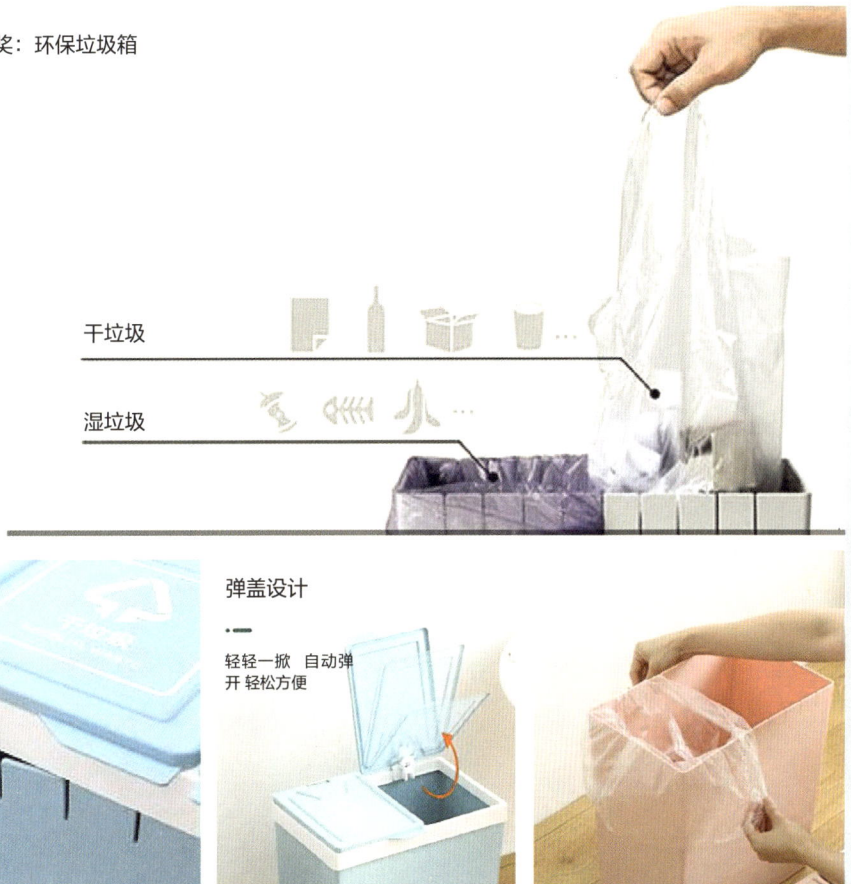

干垃圾

湿垃圾

弹盖设计

轻轻一掀　自动弹
开 轻松方便

# 案例 6    复古收音机

**设计与应用分析：** 这是由法国设计师Ionna  Vautrin设计的名为 "Mezzo" 的一款带有复古气息的小型收音机。其外观小巧圆润，非常便于携带，也充分发挥了塑料质轻、易于成型的特点，它有4种颜色，可以匹配不同风格的室内空间。

**知识点：** 塑料的成型工艺

*Notes*

## 案例 7　珊瑚椅

**设计与应用分析**：此设计是将回收的废弃玩具进行再设计和再制造产品，并把循环意识与设计思维融入其中，让塑料持续在产业系统中循环，进而实现可持续发展。这款设计作品的理念以珊瑚与海洋的保护为基础。首先，让民众了解珊瑚原本在生态系统中所扮演的关键角色；其次，珊瑚白化对海洋生态环境的破坏性冲击，通过回收、转化与再利用，提出节能减碳、永续发展的重要性。设计师和其出品方的团队，以这样的方式呼吁和鼓励民众，用支持"珊瑚椅"的实际行动，提升对珊瑚保育工作的重视，并将减碳、永续等环境意识向下扎根，融入孩子的成长、生活之中。

珊瑚椅采用双面不同高度的设计，一面低椅脚供孩童使用，另一面高椅脚供成人使用。通过模块化延伸设计，可将椅子堆叠形成大型城市中的共享座椅。

**知识点**：塑料的可持续设计

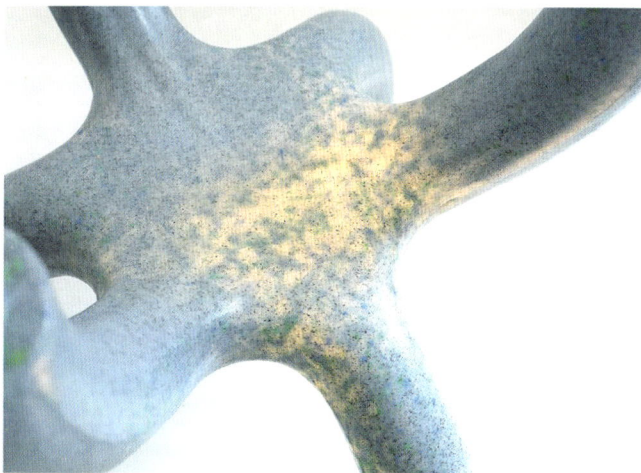

## 案例 8
### 多功能便携收纳椅

　　**设计与应用分析**：这是一款由日本设计师设计的多功能便携收纳椅。椅子组装简单，折叠后厚度仅有4cm，便于收纳，特别轻巧。打开椅面，套上垃圾袋，一秒变身垃圾桶。椅面即桶盖，打开后的椅面依旧保留贴合臀形的设计，使用者在户外也可以轻松如厕。材质选用聚丙烯塑料，清水冲洗后用抹布擦拭，立刻干净。塑料材质、表面处理方式以及多变的颜色可以自由搭配。

　　**知识点**：塑料的轻质性及表面处理工艺

## 案例 9　　"齿轮"吊灯

**设计与应用分析**：这款吊灯是由法国设计工作室Warrenetlaetitia精心设计，采用模块化设计，由3个可互换的部件组成，每个部件的颜色明艳时尚，给人明快愉悦之感，适合现代风格的空间，靓丽的色彩、可变的组合，都给使用者带来不同的感官体验。

这件作品最值得一提的是材料的运用，它是使用可回收塑料瓶（rPETG）以及由玉米淀粉（PLA）制成的可堆肥生物塑料，经过3D打印出来的灯具作品。

**知识点**：可回收塑料的3D打印制作

## Notes

# 6

## 竹 材

　　说到竹材，首先会想到竹子、竹丝、竹片、竹筒，以及亲切、自然等词语。竹子与树木相似，都是天然高分子有机体，由不同的细胞构成。由于细胞的组成排列等的差异，形成了不同的竹种或同一竹种不同部位间的构造和性质的差异，这种差异也直接影响了竹材的性能。

# 6.1　竹材的基础知识

　　中国是世界上研究、培育和利用竹子最早的国家之一，有"宁可食无肉，不可居无竹"之说。可见，中国人对竹子的喜爱由来已久。很多文人都是以竹作题、作喻，在历史中留下了众多关于竹的文化痕迹，形成了中国特有的竹文化。当前，随着人类环保意识的增强，竹子的优良特性和开发价值被重新认识，且已被逐步推上生态环境建设和山区经济发展的历史舞台。竹编也被列为国家级非物质文化遗产。

　　竹材的优缺点非常明显，优点有生态环保、保温隔热、经济实用等，缺点易有虫蛀、易开裂、易变形、易燃等。在产品设计中，常用的竹材有：原竹、竹片、竹篾、单板、竹材人造板。还有一种是竹钢，这是一种新材料，是加入了增强材料的复合竹材，具有竹材的外观，强度却和金属一样，常常用在户外的大型框架中，也可以用来做家具。这里重点介绍4种常用竹材。

　　①佛肚竹：如图6-1（a）所示，它的竹竿短小、状如佛肚、姿态秀丽，常被用来做一些器皿或者装饰性器物，在家居用品中比较常见。

　　②斑竹：也称湘妃竹，如图6-1（b）所示。竹竿上的斑点实际上是细菌侵蚀竹身后，在竹子表面形成的菌斑，和黄花梨上的节疤形成的鬼眼很相似，但却成了湘妃竹独特的装饰特点，受到设计师和使用者的青睐。

　　③毛竹：使用最广泛也相对便宜的竹材，如图6-1（c）所示。毛竹是中国栽培历史最悠久、面积最广、经济价值也最重要的竹种之一。其竿型粗大，可以用作建筑的梁柱以及棚架、脚手架等，也可以编织成各种类型的用具及工艺品。

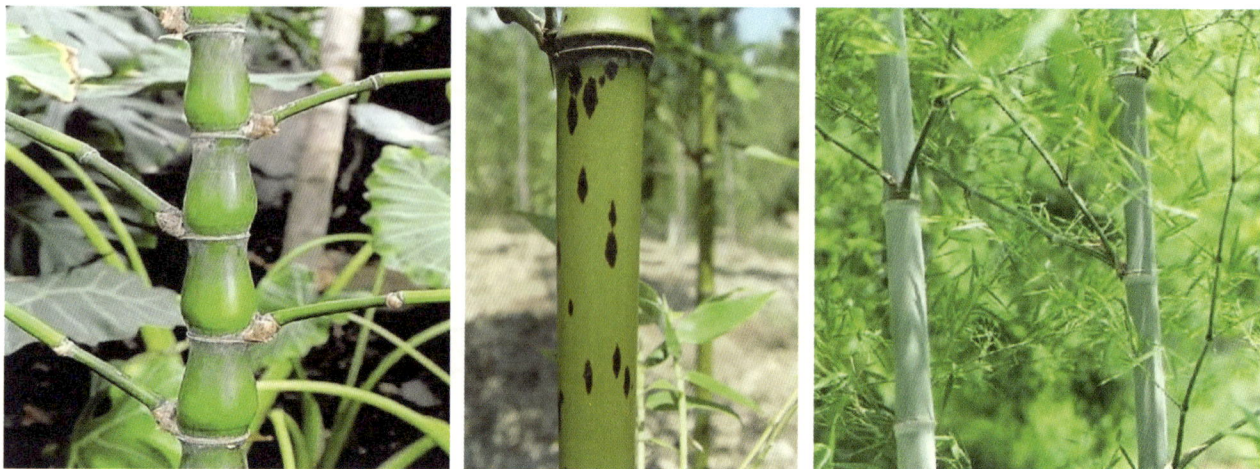

（a）佛肚竹　　　　　　　　　（b）湘妃竹　　　　　　　　　（c）毛竹

图6-1　常用竹材

④竹钢：由中国林业科学研究院发明的一种竹复合材料，有竹材的表面纹理，又有很好的强度，可以与钢结构一样进行承重，尤其在户外建筑梁架及大弧度结构中，竹钢的优势非常明显。此外，竹钢也可用于制作家具，如曲美公司的万物系列等，因为强度很高，家具的部件可以做到和木材一样纤细的效果，很适合新中式风格或禅意空间的家具，表面也可以做成不同颜色效果，如图6-2所示。

（a）竹钢样品

（b）竹钢室内家具设计

（c）竹钢户外设计

图6-2　竹钢样品及设计案例

## 6.2　竹材的构造与性能

（1）竹材的构造

竹类植物可分为地上和地下两部分，竹的地下茎是在地下横向生长的主茎，既是养分贮存和输导的主要器官，也具有分生繁殖的能力。竹的地上茎即竹秆，实际上是主茎（地下茎）的分枝。其中竹秆是竹子的主体，也是竹子利用价值最大的部分，其竹秆的构造和竹材的宏观构造，如图6-3、图6-4所示。

（2）竹材的性能

①密度：竹材的密度受到竹秆位置、竹龄、竹子种类、生长条件等因素的影响，竹材的基本密度是相对变化的。

②吸水性：一般来说竹材越长，吸水速度就越慢，但是总体而言，其吸水能力还是比较强。

③干缩性：竹材的干缩率小于木材，因为在弦向和径向的收缩率不同，竹材也容易出现开裂、变形等缺陷。

（3）力学性能

竹材的力学性能随含水率的增高而降低，但是当竹材处于绝干状态时，因质地变脆，反而强度下降。总之，竹材的力学性能优越，顺纹抗拉强度较高，平均约为木材的2倍，单位重量的抗拉强度约为钢材的3~4倍。

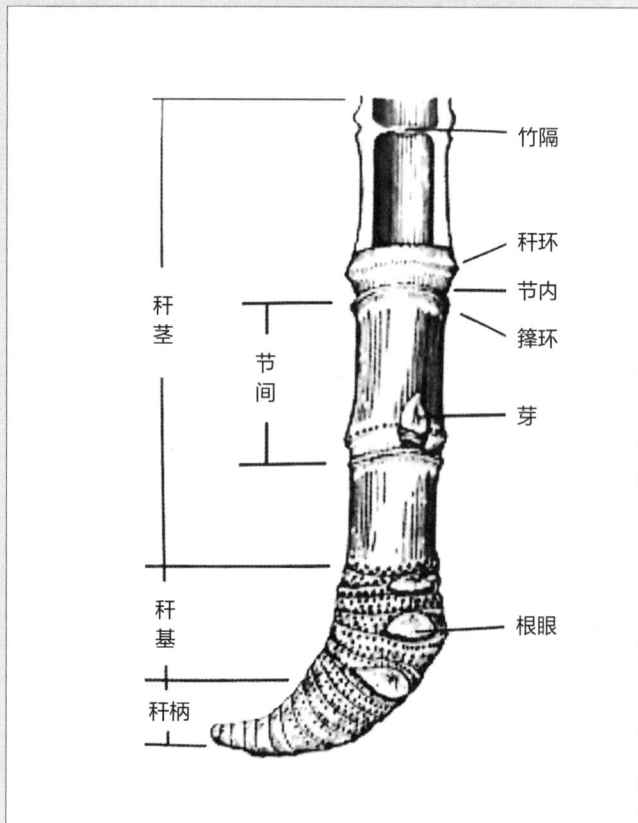

图6-3　竹秆构造示意图

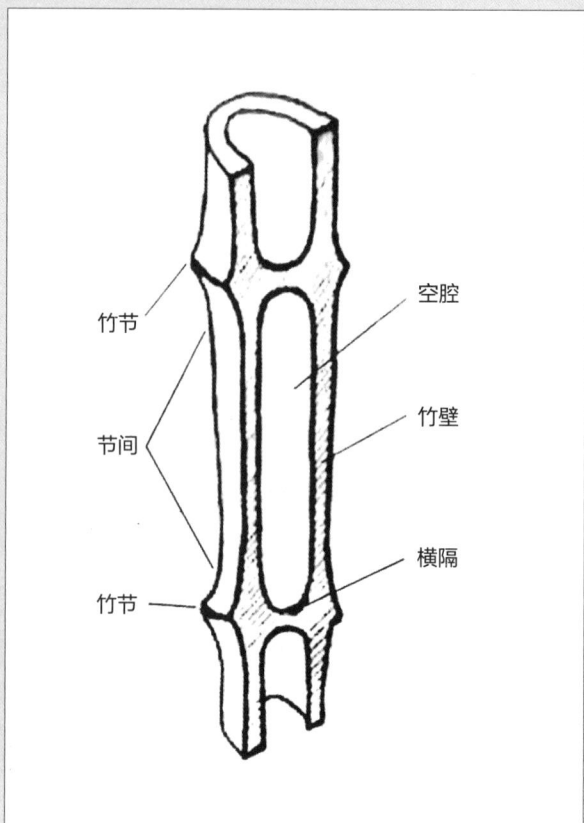

图6-4　竹材的宏观构造

# 6.3 竹制品的构造与加工工艺

竹材与木材一样，都属于天然材料，它坚硬、强韧、富有弹性。竹材可以单独用来制作产品，也可以与木材、金属、玻璃等材料配合使用。

（1）框架结构

竹材制品的结构形式主要是框架结构，由于竹材具有较好的弯曲性能，因此可以利用这一特征，加工成各种外观优美的竹材制品。竹框架的弯曲加工，按加工形式不同可分为火烤弯曲法、开凹槽弯曲法、锯三角槽弯曲法等。

①火烤弯曲法：通过加热弯曲的方法，加工快捷、省时、省力，既可保持竹材的天然美，又能保持竹材的强度基本不变，所以，传统的小径竹材框架多采用这种形式，如图6-5所示。

②开凹槽弯曲法：在竹段待弯曲的部位锯出槽口，并把凹槽的两端加工成半圆弧形的凹槽，如图6-6所示。

③锯三角槽弯曲法：在竹段要弯曲部位的内侧，锯出三角形槽口，然后用火烤弯曲部位，将竹段向内弯曲，最后冷却定型。此法也多用于弯曲大径竹材，如图6-7所示。

（2）节点连接方式

竹材节点连接方式很多，一般常见的有包接、对接、嵌接、丁字接、十字接、并接、缠接等。同时，要使用圆木芯、竹钉、铁钉、胶黏剂等辅助材料进行加固。采用此种连接方式的框架受力性能良好，但稳定性较差，容易在连接处脱落（图6-8）。

图6-5 火烤弯曲法

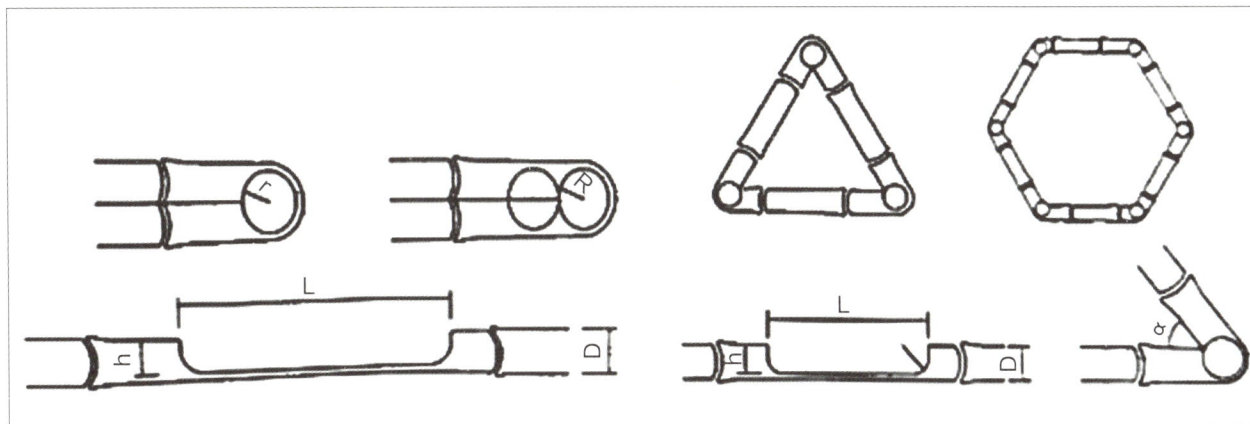

图6-6 开凹槽弯曲法

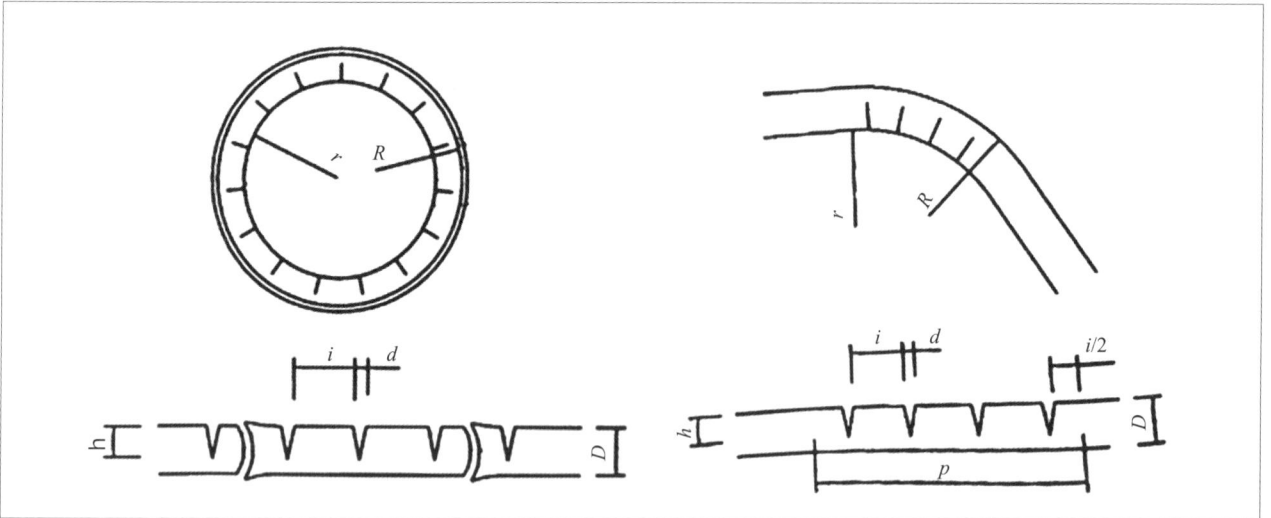

图6-7　锯三角槽弯曲法

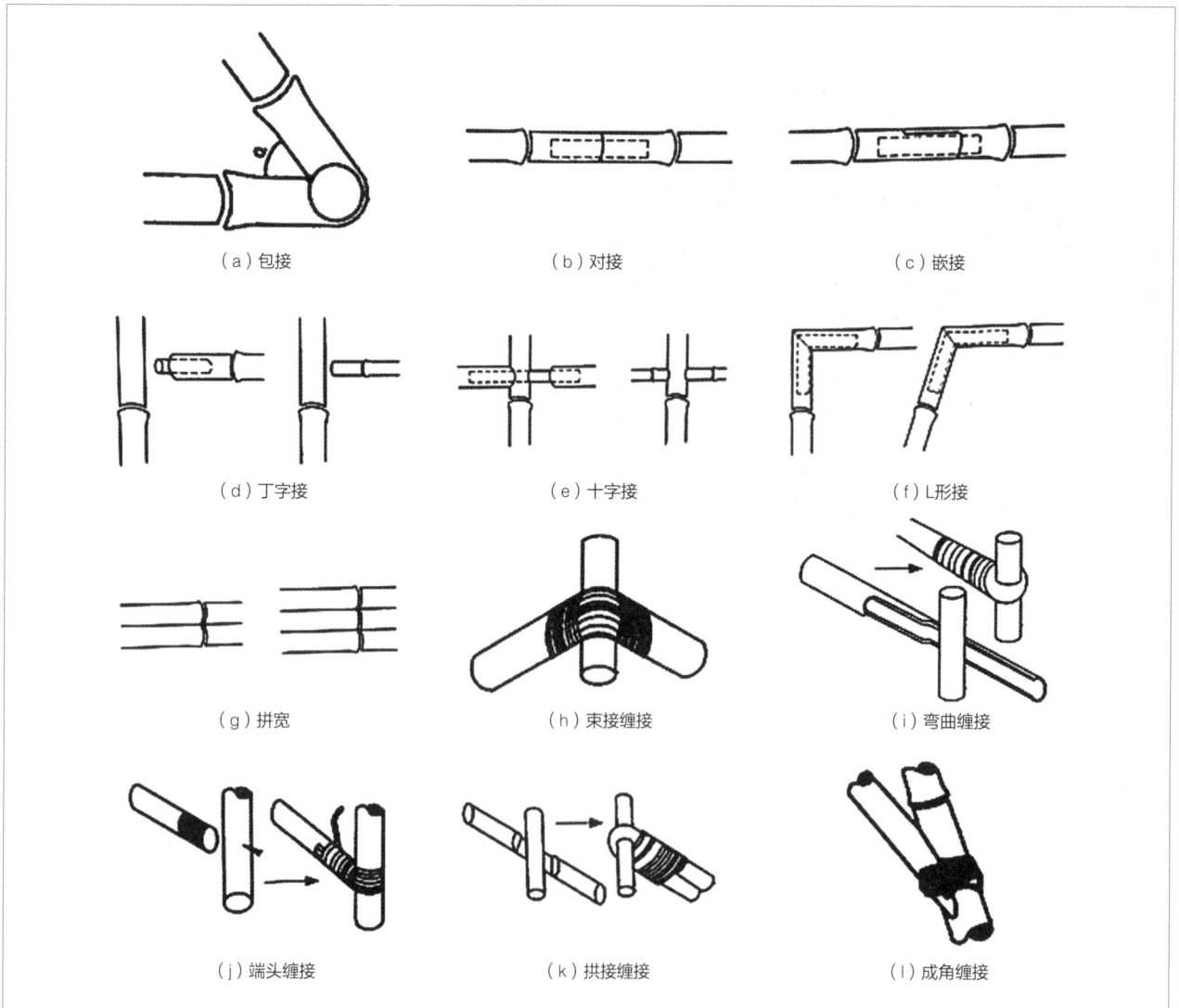

（a）包接

（b）对接

（c）嵌接

（d）丁字接

（e）十字接

（f）L形接

（g）拼宽

（h）束接缠接

（i）弯曲缠接

（j）端头缠接

（k）拱接缠接

（l）成角缠接

图6-8　竹材节点连接方式

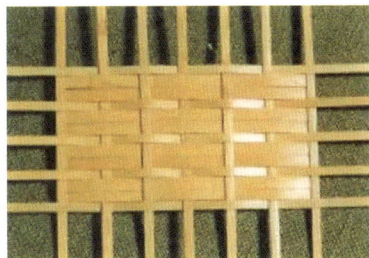

（a）平编底

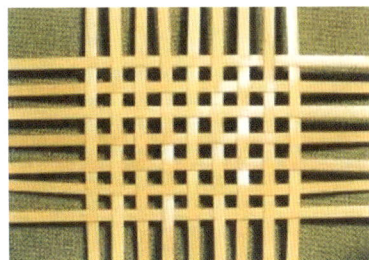

（b）四角孔编底

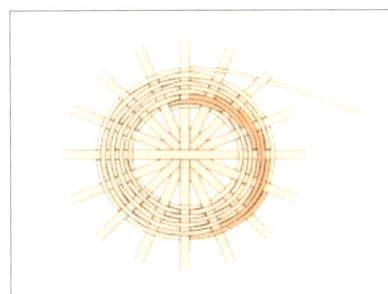

（c）米字形编底

### （3）竹材编织工艺

竹材编织通常称为"竹编"，是中国传统手工艺，既是一门技术也是一门艺术。竹编是将竹丝篾片挑压交织，一般称被挑压的篾称为"经"，而编织的篾称为"纬"，由经与纬的挑压可以编织出千变万化的图案，从而制作出千姿百态的竹编产品。

竹材编织工艺有以下11种常见形式：平编底、四角孔编底、米字形编底、圆口编法、斜纹编法、三角孔编法、六角孔编法、双重三角形编法、梯形编法、一挑一编法、回字形编法等。平编底是将经、纬篾片压一挑一上下交编，纬篾不留空隙，是应用最广的编法。四角孔编底是将经、纬篾片挑一压一上下交编，距离相等平行排列，留四方孔。米字形边底（俗称菊编底）是将经、纬篾片十字形交叉重叠或重叠渐次展开，用两条纬篾丝一挑一压由中心逐渐向外圈编绕。这些编法如图6-9所示。

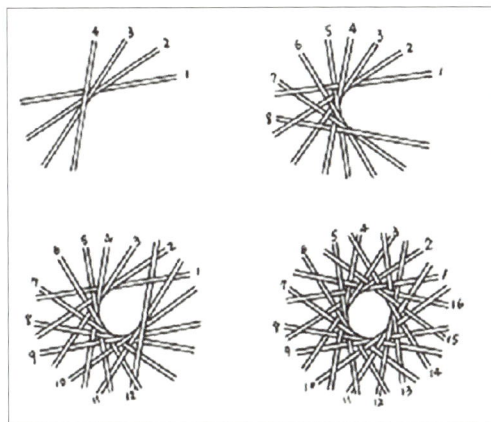

（d）圆口编法

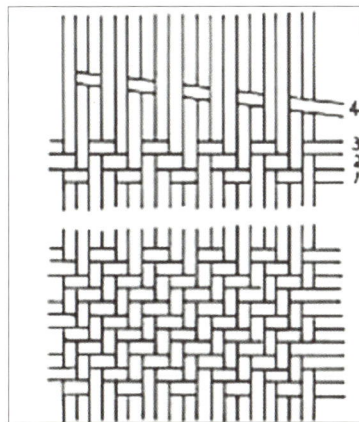

（e）斜纹编法

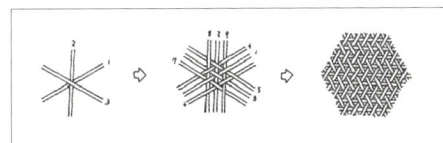

（f）三角孔编法

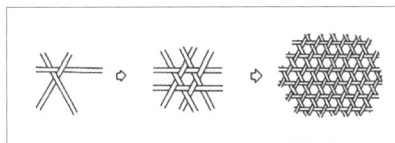

（g）六角孔编法

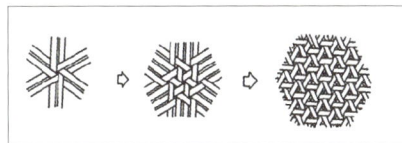

（h）双重三角形编法

（i）梯形编法

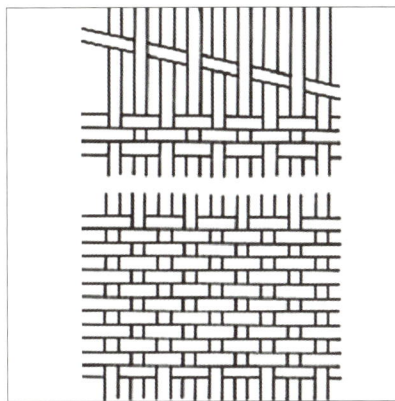

（j）一挑一编法

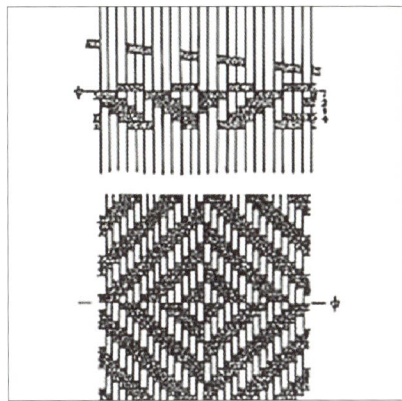

（k）回字形编法

图6-9 竹材的编织工艺

竹编制品最难的环节是收边，它是决定产品精致度的关键。收边多为手工进行，收边通常有以下几种形式：褶返收边法、编组收边法、绕卷扎结收边法、变形收边法，如图6-10所示。

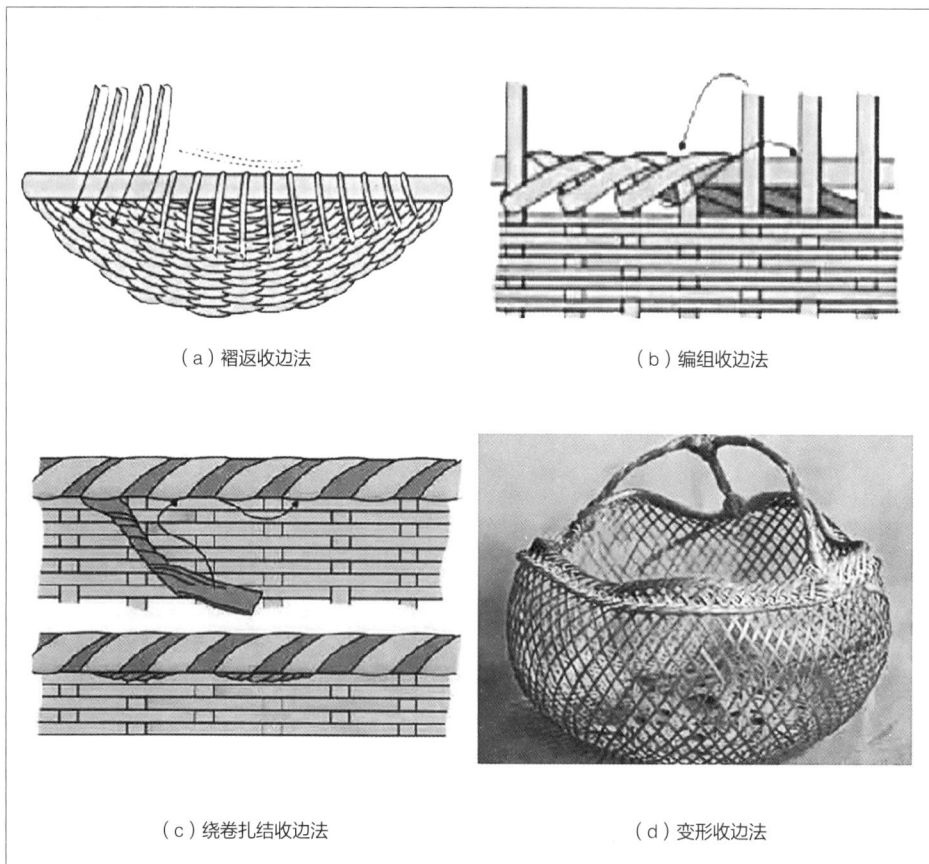

（a）褶返收边法                （b）编组收边法

（c）绕卷扎结收边法              （d）变形收边法

图6-10　竹编的收边工艺

$\mathcal{N}otes$

# 6.4 案例分析与知识点解读

## 案例 1 竹材编织工艺

**设计与应用分析**：这个案例展示的是用竹材编织出的多种多样、变化丰富的编织图案，极具设计感。这种肌理的效果，不仅带着手工质朴的痕迹，还能展现编织手法的精巧。这些不同形式的编织手法也成为很多现代设计创新、创意的素材，被用在很多家居产品中，很好地提升了产品的魅力。

**知识点**：竹材编织工艺

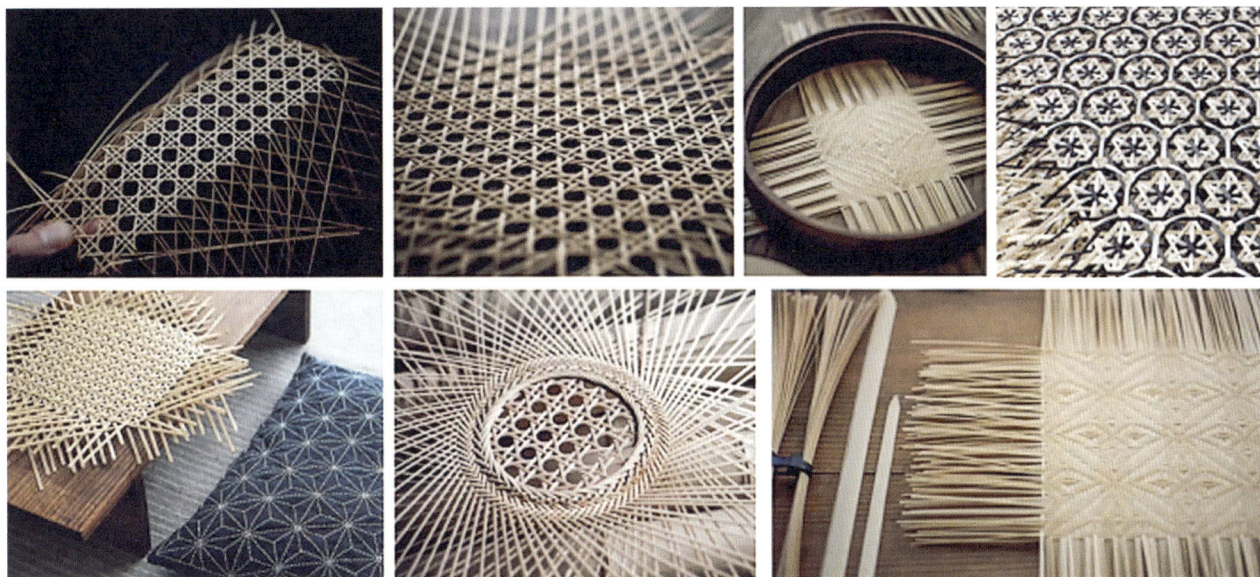

## 案例 2　　"椅优弦"扶手椅

　　**设计与应用分析**：这是著名设计师石大宇设计的作品——"椅优弦"扶手椅，椅子的突破性在于以可持续性、环保、减碳及符合当代实用性和审美为基本准则，贯彻到材料、结构、工艺、生产方式、运输等环节，改进了椅子功能及舒适度，同时运用榫卯结构进行精简设计。

　　椅座强调竹条弹性及韧性，4条竹条构成弹性靠背，两侧各有3条竹条以品字形聚合弯曲而下，延伸至椅面下构成椅脚主体。竹制人字形加固套件扣紧椅脚两端，由此强化竹条的坚韧程度；在单一部件上，对应不同功能，同时展现竹条的弹性、韧性及刚性。座面由长度及厚度各异而且可拆卸的竹条构成，灵感源于车辆减震器的弧形钢板结构，运用竹的弹性与韧性调节各位置的软硬度，竹条间隙透气，以坚实的材料达到柔软的效果。座面微微向后倾斜，可以保证健康的坐姿角度，可堆叠的精简设计，不仅节省空间及运输费用，又呼应了竹材本身减碳环保的特质。

　　**知识点**：竹材的特性和弯曲工艺

# 案例 3
## 竹编花器

**设计与应用分析**：这是一组竹编花器，是学生在课题训练中运用竹编方式完成的练习成果。竹片需要用水浸泡，编织时会增加柔韧性。经纬线编织是最基础的手法，再根据造型形态的不同采用不同的编织方式，其成品产生的肌理效果也大不相同，呈现出不同的形态美，手工编织的自然属性与随机产生的纹理变化，能很好地激发学生对于设计创意的灵感。

**知识点**：竹材的物理性能与创意设计

## 案例 4　竹灯

　　**设计与应用分析：**这是Elora Hardy设计的一款竹灯，利用竹筒中空的结构进行设计。该项目位于巴厘岛的一个生态社区，在这个生态村建有可持续发展的建筑和世界闻名的绿色校园，为体现这种可持续设计，项目所采用的材料和工艺都是相对环保的。在这个设计中，设计师巧妙地将发光的灯泡嵌入中空的竹竿内，利用竹筒断面形成与众不同的视觉效果。

　　**知识点：**竹材的特性

## 案例 5　"竹光"手电筒

　　**设计与应用分析：**这是设计师吴东治和工艺家林群涵合作的"竹光"手电筒。中国台湾早期的居民，除了在室内使用蜡烛，户外也经常使用竹子制作火把在夜间照明。本案例设计的手电筒延续了竹火把的使用特色，将竹片与LED照明技术组合，让"竹火把"具有了现代科技感。

　　**知识点：**竹材的特性

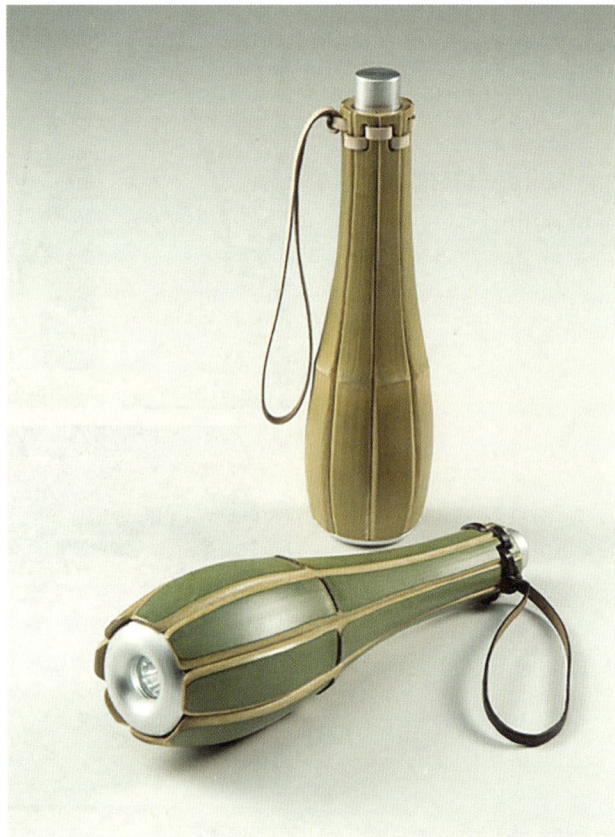

*Notes*

## 案例 6  竹钢组合家具

**设计与应用分析**：这是名为"HI"的组合家具，设计者为北京工业大学艺术设计学院学生董梦琪。竹钢作为家具材料具有很重要的现实意义，它可以很好地替代传统木质材料。竹钢以慈竹为原料，使大量被闲置的小径竹林得到合理而充分地利用，对保护生态平衡和应对气候变化也起到了积极作用。而竹钢的纹理自然、质密而坚硬、外观清新质朴，无须特殊护理和保养，在家具设计中也具有很大的应用潜力和研发空间。

**知识点**：竹钢的特性

### 组合方式

根据需要可以是坐具、置物架、也能同时组合使用，如图是六种组合方式。

细节

### 制作过程

材料：2张2500mm×1250mm×20mm竹钢板材
　　　6mm螺杆　　螺母　　20个铜帽
　　　棉麻布料　　高弹海绵

工艺：竹钢表面擦漆处理　　座面布艺软包

螺杆贯穿固定

下料、制作构件模具　　　　构件制作　　　　　　打磨处理、表面擦漆、拼装、软包制作、摄影

## 案例 **7**　茶空间竹材产品

**设计与应用分析**：这组案例是由竹材做成的各种不同形式的茶空间小件产品，可以是承放食物的器皿，充分利用竹节自身的结构特点，既好用又耐看；也可以是茶空间中常用的茶棚架，它流露出竹材自身特有的朴素清雅的气质，质朴自然中带着一股文人气息，非常适合在新中式或禅意的空间使用；还有湘妃竹的茶则、茶针，或是毛刷的杆，恰到好处地利用了湘妃竹上的斑点作为其亮点与特色。

**知识点**：竹材表面肌理利用和竹材产品结构的设计

## 案例 8  竹丝扣瓷

**设计与应用分析：**这是一组立体竹编织产品的案例。竹材的立体编织产品有竹丝扣瓷杯、竹编水壶、首饰、手提包等。这些产品一般选择1~6年不等的野生原竹为材料，然后通过刮青、破竹、起篾制成薄篾。薄篾经过煮篾、染色、晾干后备用，最后通过不同的编织方法进行编织。立体编织产品受到很多人的喜爱。

**知识点：**竹材的编织工艺

选材

刮青

破竹

起篾

拉丝

编织竹丝扣瓷

## 案例 9    竹编装置

**设计与应用分析**：案例位于贵阳龙里阳光城·望乡，这个空间中，竹编作为主要展示装置，成为空间的视觉中心。用竹编工艺来作空间立面、隔断装饰和装置艺术品，可以起到美化空间、强调空间、协调空间、分割空间、弱化线条等作用。在满足功能性原则的基础上，通过一定的结构语言，在有序与无序中创造出更多的造型，并与光影相结合产生多种意想不到的效果。

**知识点**：竹编工艺

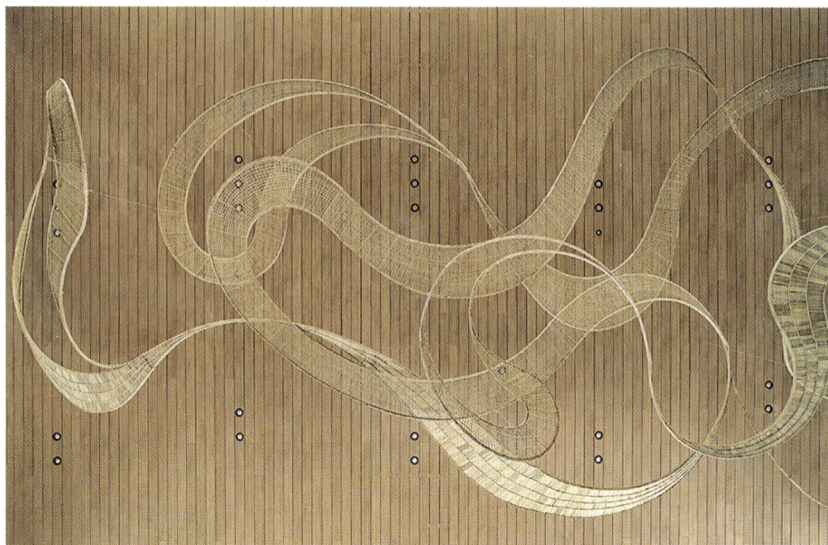

# 7

## 陶　瓷

　　如果说产品设计是搭建人与物、物与物的关系，那么材料就是产品设计的物质条件，也是满足功能及构造的基本要素。产品设计只有充分运用材料的性能特点与加工工艺，才能有效地达成造型与功能的结合。在现代设计中，陶瓷材料已经成为不可或缺的材料媒介，特别是新型的现代陶瓷材料与加工技术，它们为产品设计注入了活力，给人们创造了更多新的生活方式与体验。

　　《长物志》中"青如天，明如镜，薄如纸，声如磬"说的是宋瓷的形态、结构、色彩、装饰、质感皆可以通过材料传达给使用者。对于陶瓷材料多样性、综合性的认知与运用，可以为陶瓷产品的设计概念、功能与审美风格带来不断的创新。如图7-1陶瓷材料认知系统。

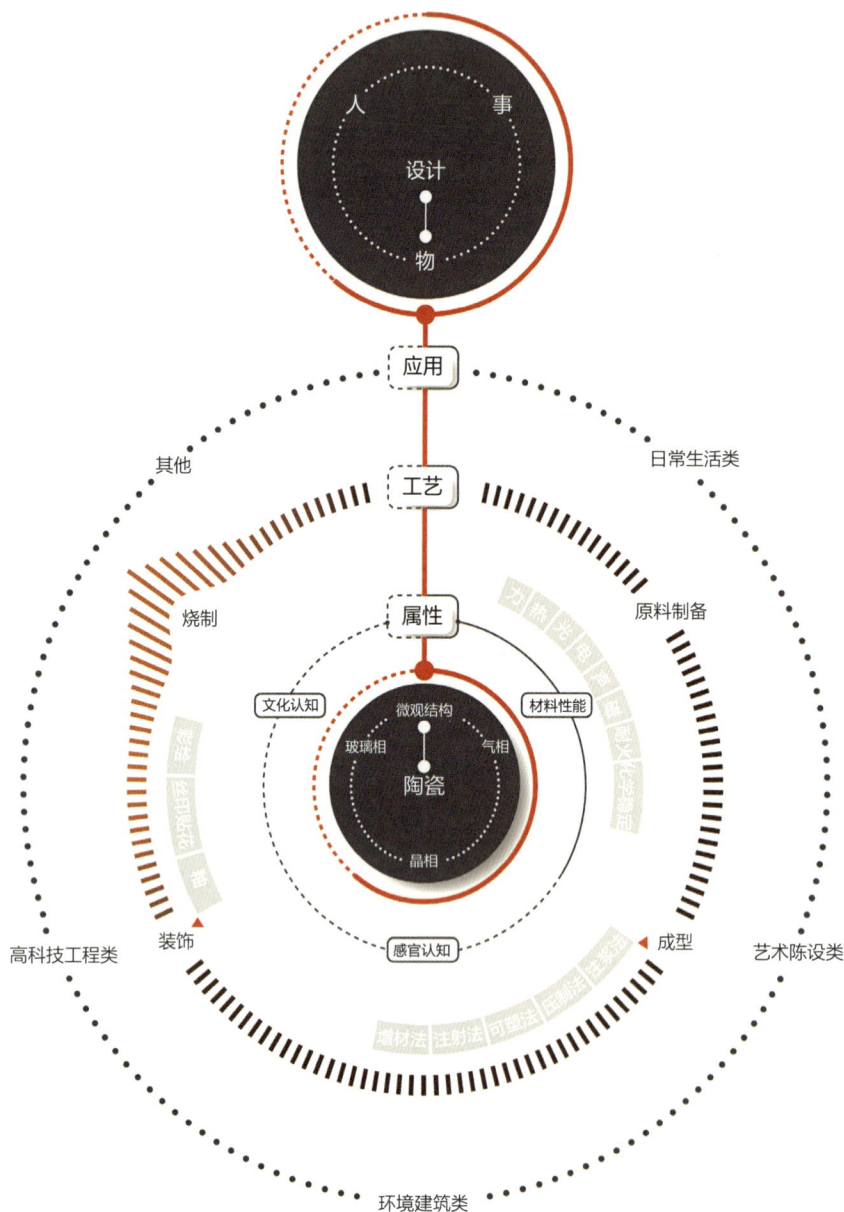

图7-1　陶瓷材料认知系统

## 7.1　陶瓷的概念

　　传统意义上讲，陶瓷是指所有以黏土为主要原料与其他天然矿物原料经过粉碎、混炼、成型、烧结等过程制成的各种材料和制品。现代科学则把陶瓷定义为利用天然或人工合成的粉状化合物，经过成型和高温烧结等工艺方法制成的，由金属元素和非金属的无机化合物构成的多相固体物质。传统陶瓷其主要原料是黏土、石英和长石，由硅、氧、铝等元素结合而成，这些原料分布广泛，储量丰富。现代陶瓷也叫特种陶瓷，随着技术的进步及对性能的特殊追求，其原料已扩大到化工原料和合成矿物，甚至是非硅酸盐、非氧化物原料，组成范围也延伸到无机非金属材料范围中。

## 7.2　陶瓷材料的微观结构与性能

　　传统陶瓷的典型显微结构由晶相、玻璃相和气相组成，组成特征为多晶多相的聚集体，这种结构是坯料在热处理过程中经历一系列物理化学变化而形成的。特种陶瓷原料的主要成分杂质很少，烧结时没有液相参加，所以在室温下的组织由一种晶相和极少量气相组成。陶瓷的性能是由其结构中的晶粒和晶界共同决定的，同时受到玻璃相和气相影响。经过长时间的发展，陶瓷材料由传统的仅用于生活和艺术的简单功能发展成为具有电、声、光、磁、热、力学等多种物理功能的重要材料。如图7-2陶瓷材料微观结构与材料性能及图7-3陶瓷材料的性能归纳。

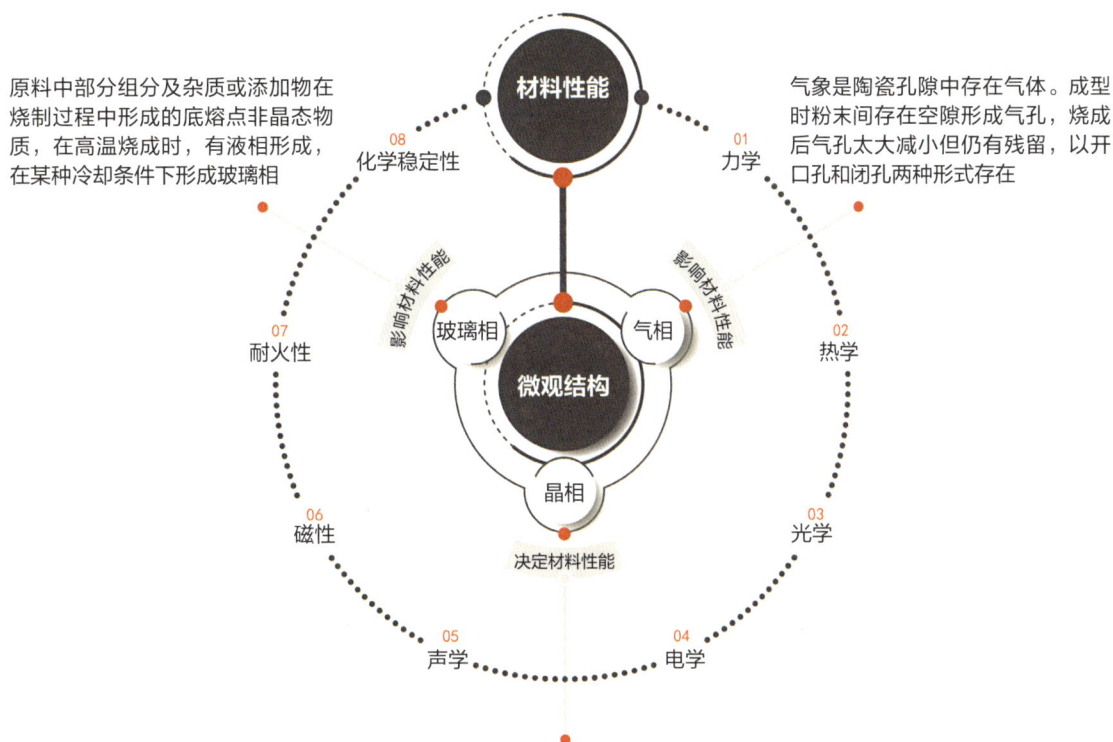

原料中部分组分及杂质或添加物在烧制过程中形成的底熔点非晶态物质，在高温烧成时，有液相形成，在某种冷却条件下形成玻璃相

气象是陶瓷孔隙中存在气体。成型时粉末间存在空隙形成气孔，烧成后气孔太大减小但仍有残留，以开口孔和闭孔两种形式存在

材料性能

08 化学稳定性

01 力学

影响材料性能

玻璃相　气相

微观结构

07 耐火性

02 热学

晶相

06 磁性

决定材料性能

03 光学

05 声学

04 电学

图7-2　陶瓷材料的微观结构与材料性能

晶体是陶瓷材料的基本组成相，陶瓷一般是由各种异性的晶粒通过晶界或玻璃相聚合而成的多晶体

## 材料性能

**01 力学**

- **硬度** — 陶瓷硬度高（一般为1000~5000HV），耐磨性好，刚性好
- **韧性** — 陶瓷的韧性很差，容易发生脆性断裂，高温烧成中会产生塑性变形

**02 热学**

- **熔点** — 熔点高，是良好的耐热材料
- **热容** — 陶瓷材料的热熔在1000℃以下随温度升高而增加，在1000℃以上几乎不再增加
- **导热** — 陶瓷的导热性较弱
- **抗热震性** — 抗热震性能较差，陶瓷受热冲击时极易被破坏
- **热膨胀** — 热膨胀系数很小，陶瓷是很有前途的耐高温材料

**03 光学** — 陶瓷是多晶多相材料，由于存在杂质、气孔和大量晶界，所以在光学上是非均质体，特别是对光线的散射和反射十分严重，因而一般是不透明的，具备一定的透光性

**04 电学**

- **导电性** — 通过改变条件能使陶瓷导电性发生变化（如温度、电场……），日常条件下陶瓷是绝缘体

**05 声学**

- **吸声** — 如果陶瓷的孔隙在表面开口，孔孔相连，且孔隙深入材料内部，就能有效地吸收声音
- **隔声** — 若陶瓷内部的气孔彼此互不连通，当声波入射到材料表面时，很难进入到材料内部，对于空气中传播的声波有隔音效果

**06 磁性** — 陶瓷的磁化率与其化学组成、微观组织结构和内应力等因素有关。陶瓷材料的大多数原子是抗磁性的，抗磁性物质的原子（离子）不存在永久磁矩，当其受外磁场作用时，电子轨道发生改变，感生与外磁场方向相反的磁矩，而表现出抗磁性

**07 耐火性** — 陶瓷具有很好的耐火性能和不可燃性能

**08 化学稳定性** — 陶瓷对各种酸、碱、盐类液体与腐蚀性气体抗侵蚀性强

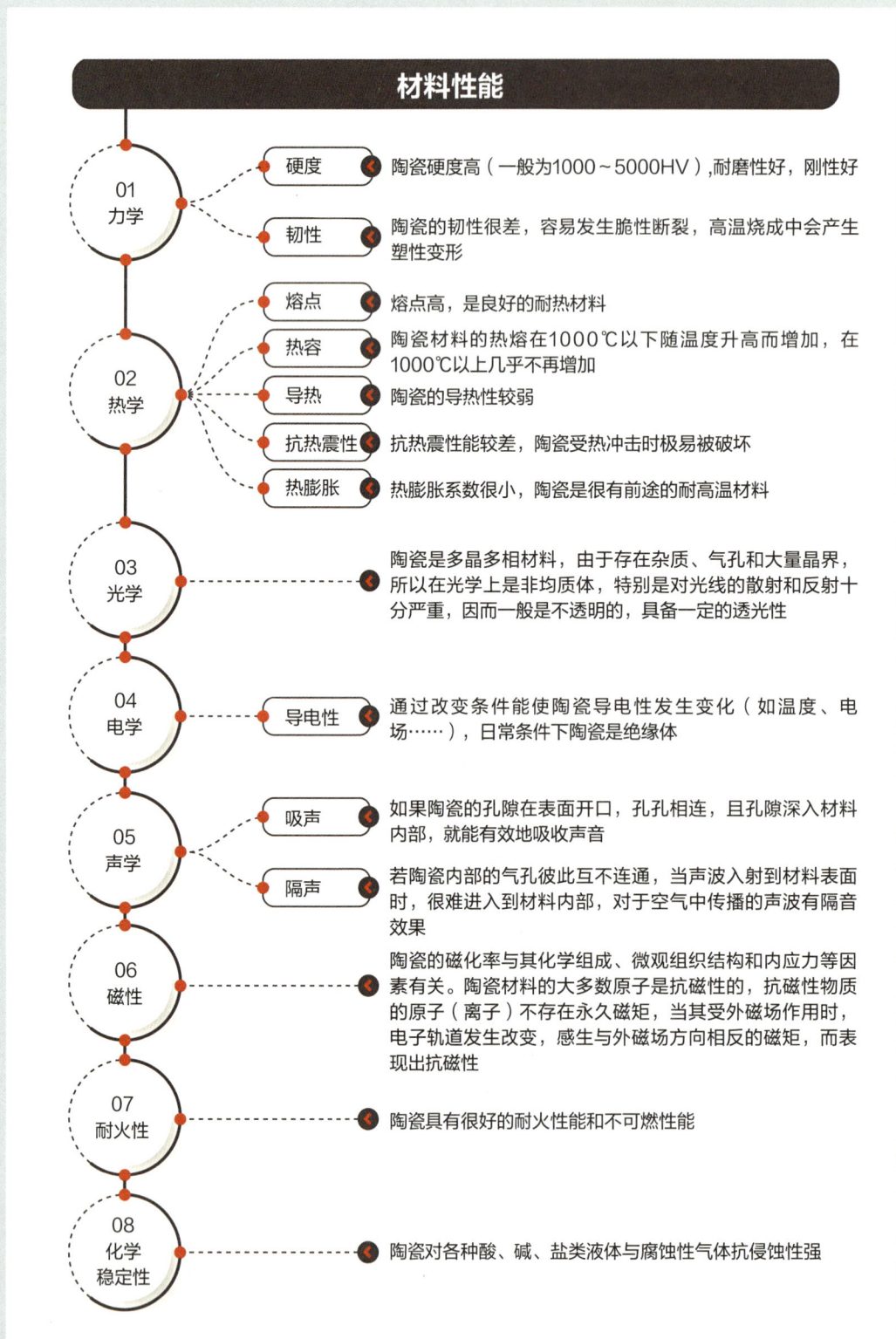

图7-3　陶瓷材料的性能归纳

# 7.3 陶瓷的加工工艺

陶瓷的加工主要分为批量生产加工和手工制作加工。陶瓷材料的原料加工、成型、表面装饰、烧制工艺在产品开发与制造的过程中关系极为密切，陶瓷的批量化生产工艺为产品设计提供了必要的技术保障，对产品质量的成本控制甚至可持续发展起到了重要的促进意义。传统意义上讲的"景德镇陶瓷由七十二道工序完成"实质上也是在强调材料工艺的重要性与独特的非物质文化价值。陶瓷的加工工艺如图7-4～图7-9所示。

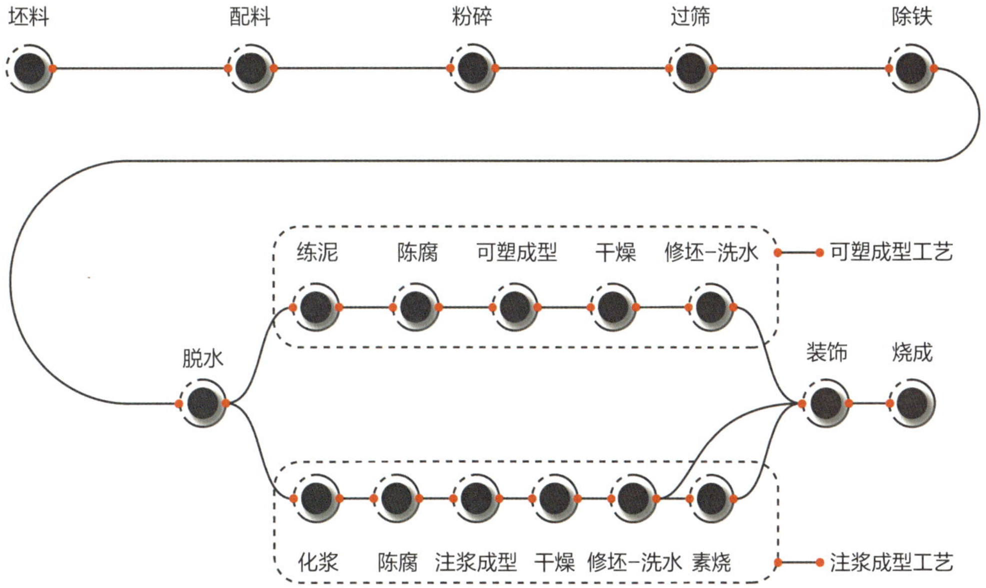

图7-4 陶瓷的批量生产工艺流程图（以注浆成型、可塑成型为例）

*Notes*

## 陶瓷坯料加工工艺

**01 配料**　根据配方要求，将各种原料按比例程出重量

**02 粉碎**　大多数陶瓷原料是固体块状，而且大小不一，需要对原料进行粉碎加工，这样可以达到提高坯体致密性，提高坯料可塑性，降低烧成温度，易于分离杂质的效果

**03 过筛**　筛除原料中的一些杂质，如木屑、硬泥块、铁屑及原料夹杂的一些难以粉碎而又无磁性的杂质，使物料颗粒满足下一工序的需要

**04 除铁**　坯料中混有铁质会降低陶瓷制品的外观质量，对陶瓷制品的白度、半透明性有影响，易产生斑点等，因此除铁是原料处理与坯釉制备的重要工序

**05 脱水**　在混合搅拌时，泥浆含水率通常在60%～70%，而可塑成型所用坯料的含水率为19%～26%。因此泥浆必须经过脱水工序才能供成型使用

**06 化浆**　经粉碎、脱水制得的泥料重新加水搅拌制成泥浆的过程

**07 练泥**　脱水后的泥饼是不均匀的，有7%～10%的空气，经过练泥可以将气体排除至最少限度（0.5%～1%）。使泥料组织均匀，改善成型性能，提高干燥强度，提高陶瓷制品的透光性和机械强度

**08 陈腐**　将泥段放在温度和湿度适宜的环境中存放一段时间，使水分均匀，促使有机物腐烂，改善泥料成型性能

注：实际生产中，练泥和陈腐往往重复多次才能使泥料满足成型的需求

图7-5　陶瓷的坯料制备方法说明

## 陶瓷成型工艺

根据产品设计的形态、结构、精度、变形率、产量、成本等因素选择成型方式

**01 注浆法**

成型原理：泥浆注入多孔模型内，借助于模型的吸水能力而成型的方法

**实心注浆** 泥浆中的水分被模具吸收，注件在两模具之间形成且没有多余泥浆排出的一种注浆方法，多用来浇注匙、鱼盘和瓷板等产品

引入新的工业技术以提高制品的质量和生产效率 → **强化注浆**

**压力注浆：** 加速成坯速度，促使结构致密

**离心注浆：** 加快空心注浆的成坯速度

**空心注浆** 将泥浆注入模型，当注件达到要求的厚度时，排除多余的泥浆而形成空心注件的方法。一般适用于壶、罐、瓶等空心器皿

**02 可塑法**

成型原理：外力作用下使可塑坯料发生塑性变形而制成坯体的方法

**雕刻**
**印坯**
**拉坯**

早期陶瓷成型方式。在当今，雕刻、印坯、拉坯工艺具有造型自由、无须模具等特点，主要用于艺术陶瓷生产

**刀压** 利用型刀和石膏模型成型的一种方法，有阴模、阳模之分。阴模成型适用于生产杯、碗等深型坯体，阳模成型适于生产盘碟等扁平制品，但是质量差，效率低，对操作技能要求高

**滚压** 由刀压成型发展而来，将扁平的型刀改为回转型的滚压头，也有阴模、阳模之分。滚压与刀压所适用的器型相近，且具备在表面印制连续花纹的能力，克服了刀压成型的弱点，提高了坯体的成型质量

**塑性挤压** 可塑泥料在阴模和阳模的共同施压下，泥料均匀展开填充模具空隙形成坯体。在日用陶瓷领域可以用于制作异形盘类制品，操作简单，效率高，但模具成本较高

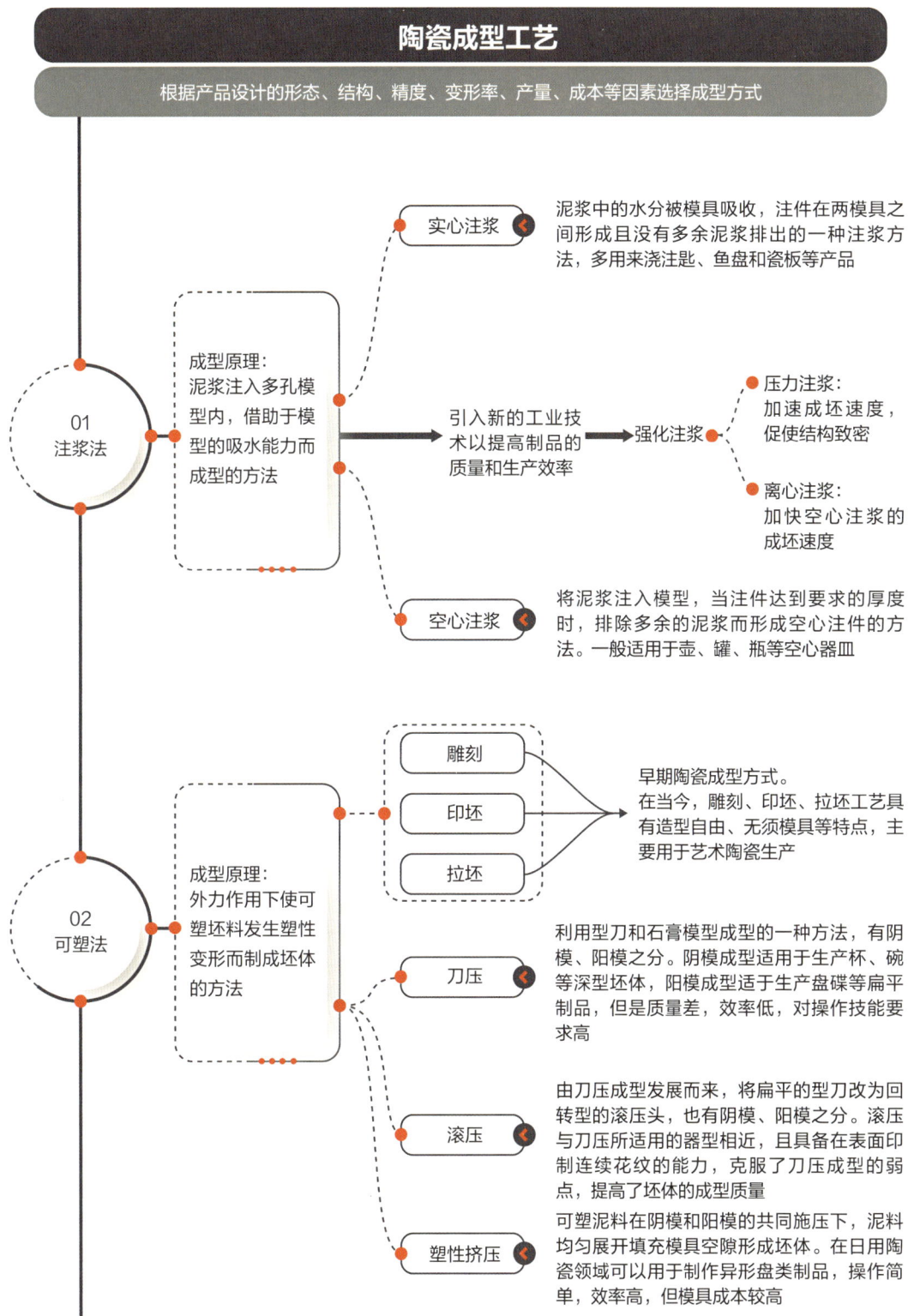

图7-6　陶瓷成型工艺

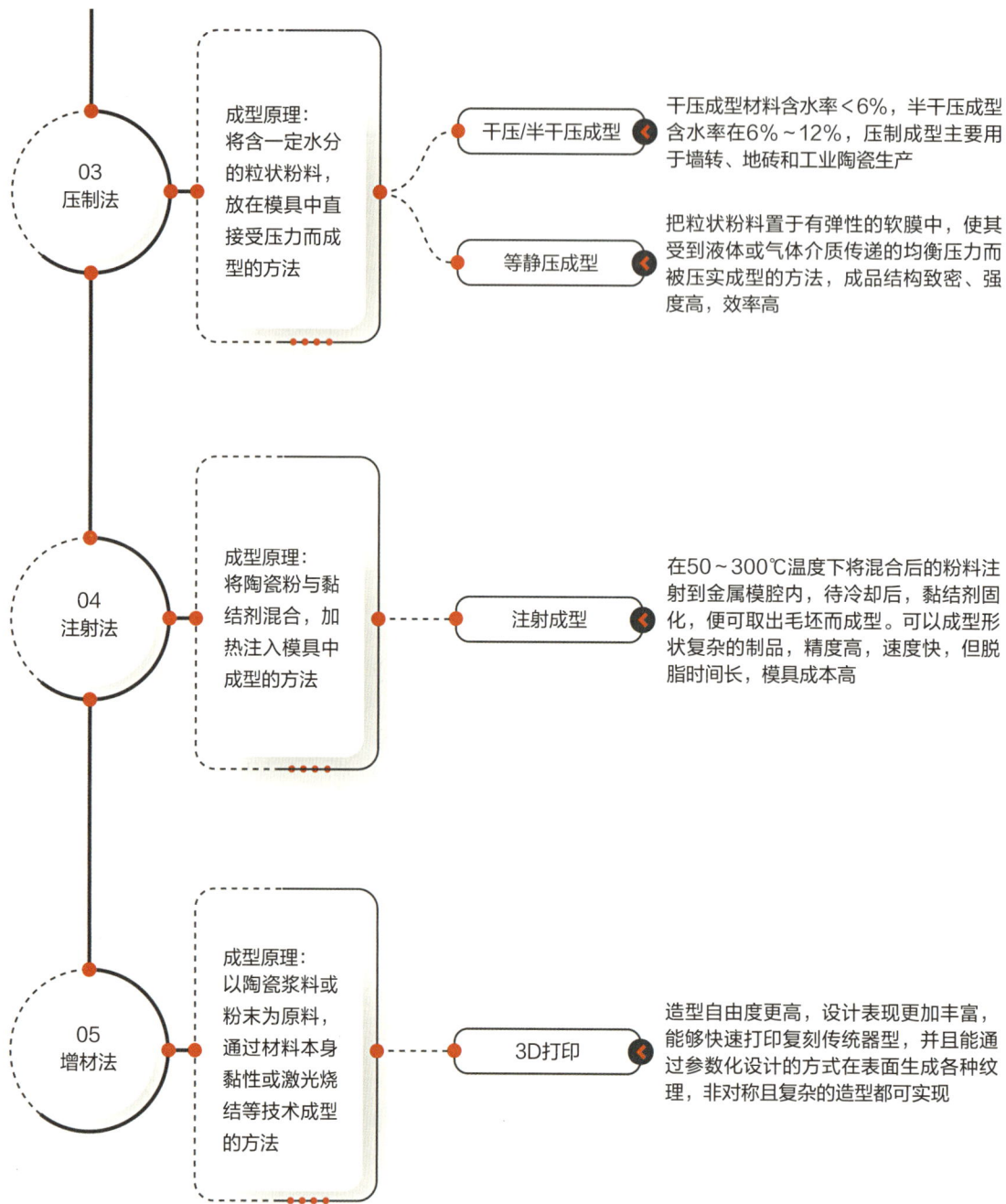

**03 压制法**

成型原理：将含一定水分的粒状粉料，放在模具中直接受压力而成型的方法

干压/半干压成型 — 干压成型材料含水率＜6%，半干压成型含水率在6%～12%，压制成型主要用于墙转、地砖和工业陶瓷生产

等静压成型 — 把粒状粉料置于有弹性的软膜中，使其受到液体或气体介质传递的均衡压力而被压实成型的方法，成品结构致密、强度高，效率高

**04 注射法**

成型原理：将陶瓷粉与黏结剂混合，加热注入模具中成型的方法

注射成型 — 在50～300℃温度下将混合后的粉料注射到金属模腔内，待冷却后，黏结剂固化，便可取出毛坯而成型。可以成型形状复杂的制品，精度高，速度快，但脱脂时间长，模具成本高

**05 增材法**

成型原理：以陶瓷浆料或粉末为原料，通过材料本身黏性或激光烧结等技术成型的方法

3D打印 — 造型自由度更高，设计表现更加丰富，能够快速打印复刻传统器型，并且能通过参数化设计的方式在表面生成各种纹理，非对称且复杂的造型都可实现

图7-6 （续）

*Notes*

**01**
注浆法

**02**
可塑法

**03**
压制法

**04**
注射法

**05**
增材法

## 陶瓷施釉工艺

根据产品设计的色彩、肌理、精度、产量、成本等因素选择施釉方式

**01 釉的分类**

釉中含有适量着色剂，在一定温度下烧成后呈现彩色的釉 —— 颜色釉

釉面由颜色交混而形成流纹效果，一般在双曲面器型上能得到更好的效果 —— 花釉

釉面在不同光源照射下能呈现不同彩的颜色釉 —— 变色釉

无光釉 —— 釉面反光能力较弱，呈现柔和磨砂或绒状光泽的艺术釉，多用于日用陈设瓷器和瓷砖

碎纹釉 —— 釉层呈现清晰的、不同形状的裂纹，而使制品具有独特的艺术效果

结晶釉 —— 结晶釉是釉层内含有明显可见晶体的艺术釉，它多用于日用陈设陶瓷的装饰

**02 施釉工艺**

浸釉 —— 坯体侵入釉浆中片刻后取出，通体一次上釉

荡釉 —— 摇荡坯件，使釉浆流动而包裹于坯件的表面，主要用于空心制品施内釉

浇釉 —— 利用浇洒的方法，把釉浆浇于坯件之上

喷釉 —— 利用喷枪使空气将釉浆雾化并喷于坯体的表面，常用于壁薄、易碎的制品及釉下彩装饰制品等

刷釉 —— 用毛笔蘸取釉浆涂刷于坯体之上，多用于同一坯体上施几种不同的釉或用于补釉

注：
对内外表面分别施釉的坯体，应先施内釉，等到内釉干燥后方可施外釉。坯体烧成时与承烧物接触部位的釉层要擦去或刮去，以防烧后黏接

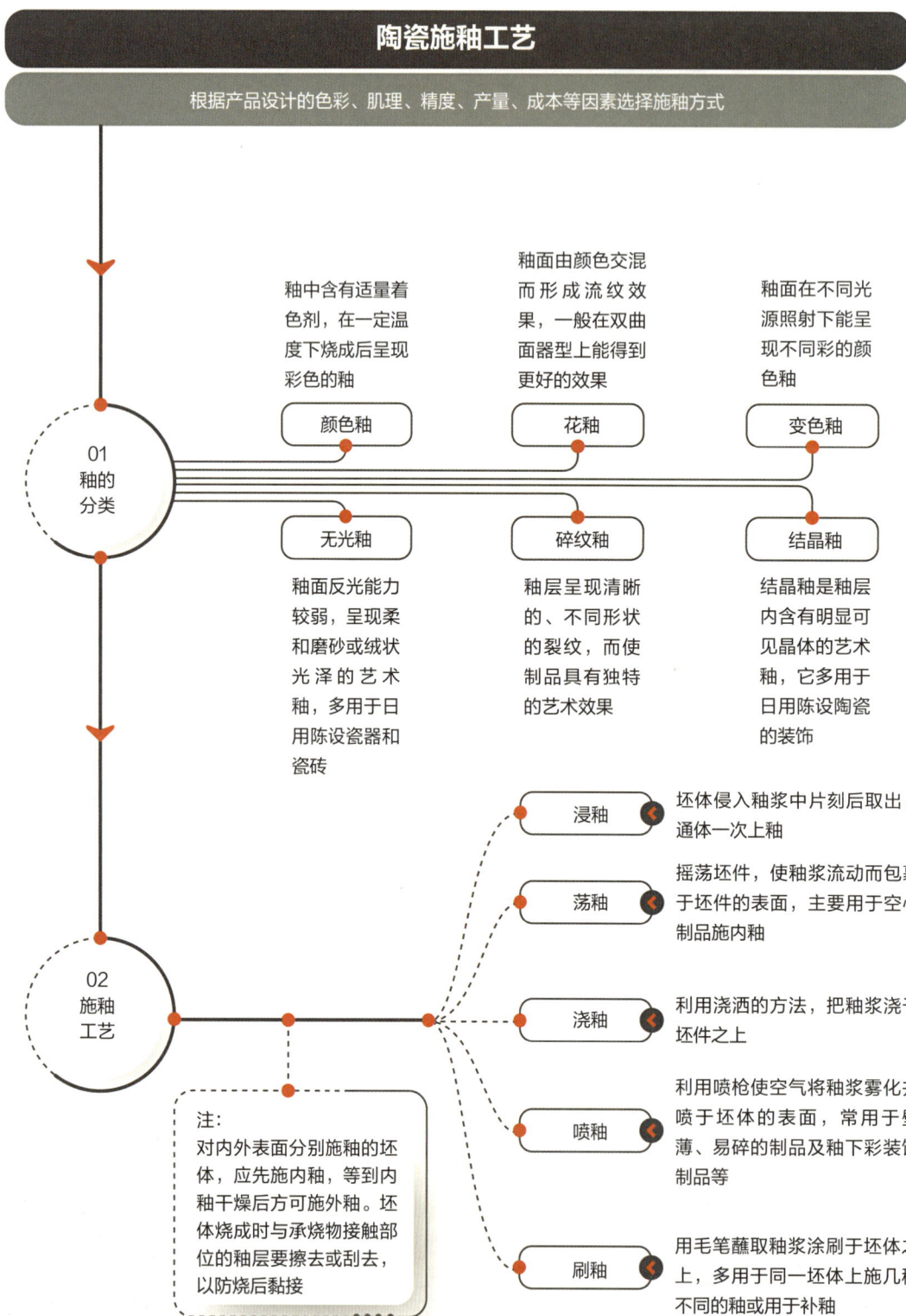

图7-7　陶瓷的施釉工艺

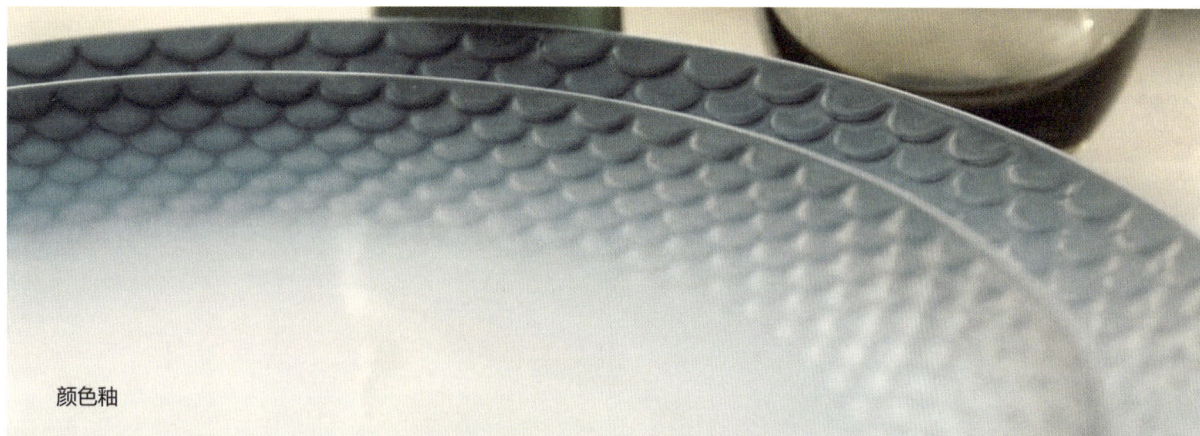

颜色釉

无光釉

结晶釉

花釉

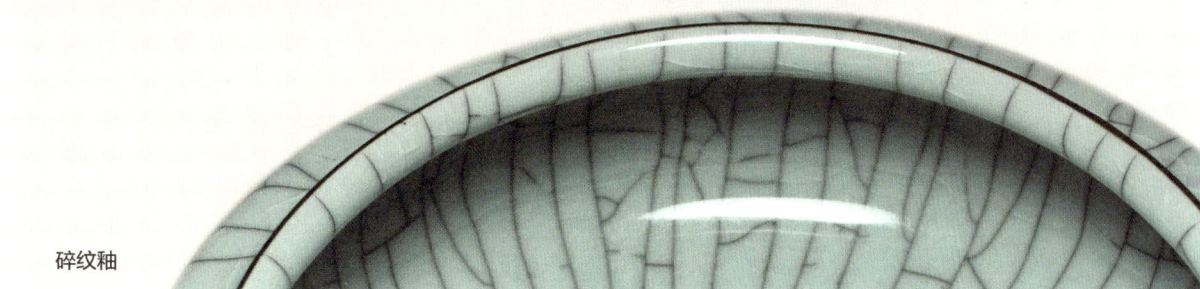

碎纹釉

## 陶瓷装饰工艺

根据产品设计的纹饰、色彩、肌理、精度、产量、成本等因素选择装饰方式

**01 装饰方法**

- 釉上彩　　在釉面上彩绘，发色良好，色彩丰富鲜艳，但抗机械磨损性能弱，易受腐蚀
- 釉中彩　　彩绘沉入釉中，抗腐蚀、耐磨损，细腻晶莹、滋润养目
- 釉下彩　　先彩绘后施釉覆盖，不受磨损、永不褪色，光滑平整

**02 装饰工艺**

- 手工彩绘　　一种通过手工方式在器皿上绘制图案的工艺
- 贴花装饰　　花纸是由专业工厂生产，再通过酒精或清水等介质将彩料从花纸移到陶瓷面上，而后进行烧制完成加工，此技术操作简单、效率高
- 喷花　　用镂空板贴在陶瓷釉面上，将彩料雾化附着在镂空处的瓷面上
- 胶头转移印花　　先在雕刻印版上刮取颜料，再用转印头从印版吸出颜料后转印到坯体上，花纹效果清晰精致，转印头有弹性，具有在异型制品上印制的能力
- 贵今属装饰　　用金或银等贵重金属在日用陶瓷釉上装饰，成本高，往往用于一些高级日用陶瓷

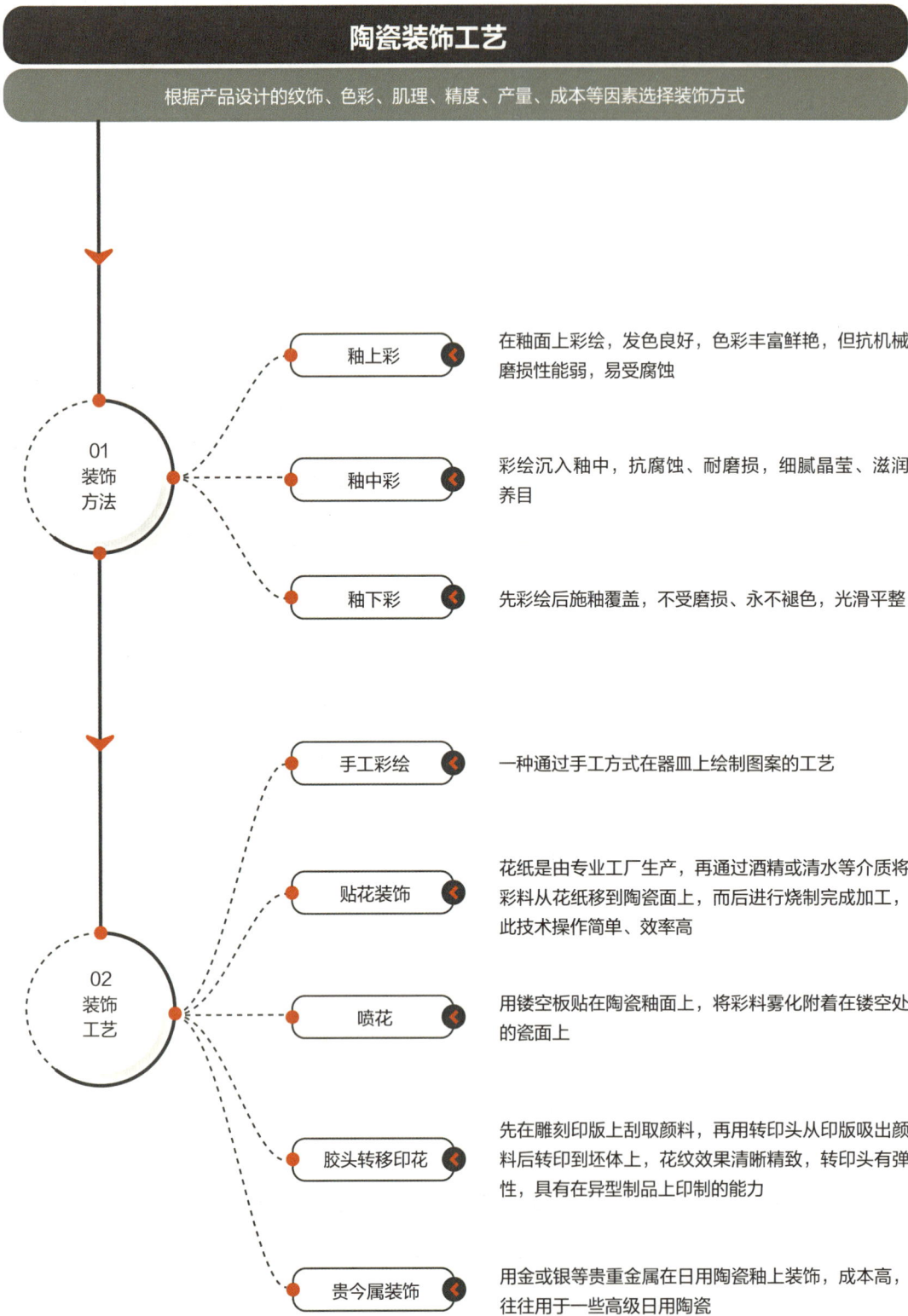

图7-8　陶瓷的装饰工艺

釉上彩——贴花

釉上彩——手绘

釉上彩——手绘

## 陶瓷烧成

**01 烧成阶段** → 室温 → 300℃ → 950℃

水分蒸发期：
①排除残余水分
②伴随少量收缩

氧化分解与晶形转变期：
①排除结构水分分解气体
②重量减轻，气孔增加
③机械强度提高
④黏土失去可塑性

室温 ← 烧成温度

冷却器：
①玻璃相全部固化
②瓷坯内部结构定型

玻璃化成瓷器：
①气孔率降至最低
②收缩率达到最大
③强度和硬度增加
④坯体转成白色
⑤坯体有半透明感
⑥釉面具有光泽

**02 烧成阶段**

一次烧成 ← 坯体上釉后，坯釉同时烧成的方式

二次烧成 ← 先将坯体完成低温素烧，然后施釉完成高温烧结，这种方式为二次烧成

注：
素烧是将生坯烧至800～900℃，使坯烧结硬化，不溶于水

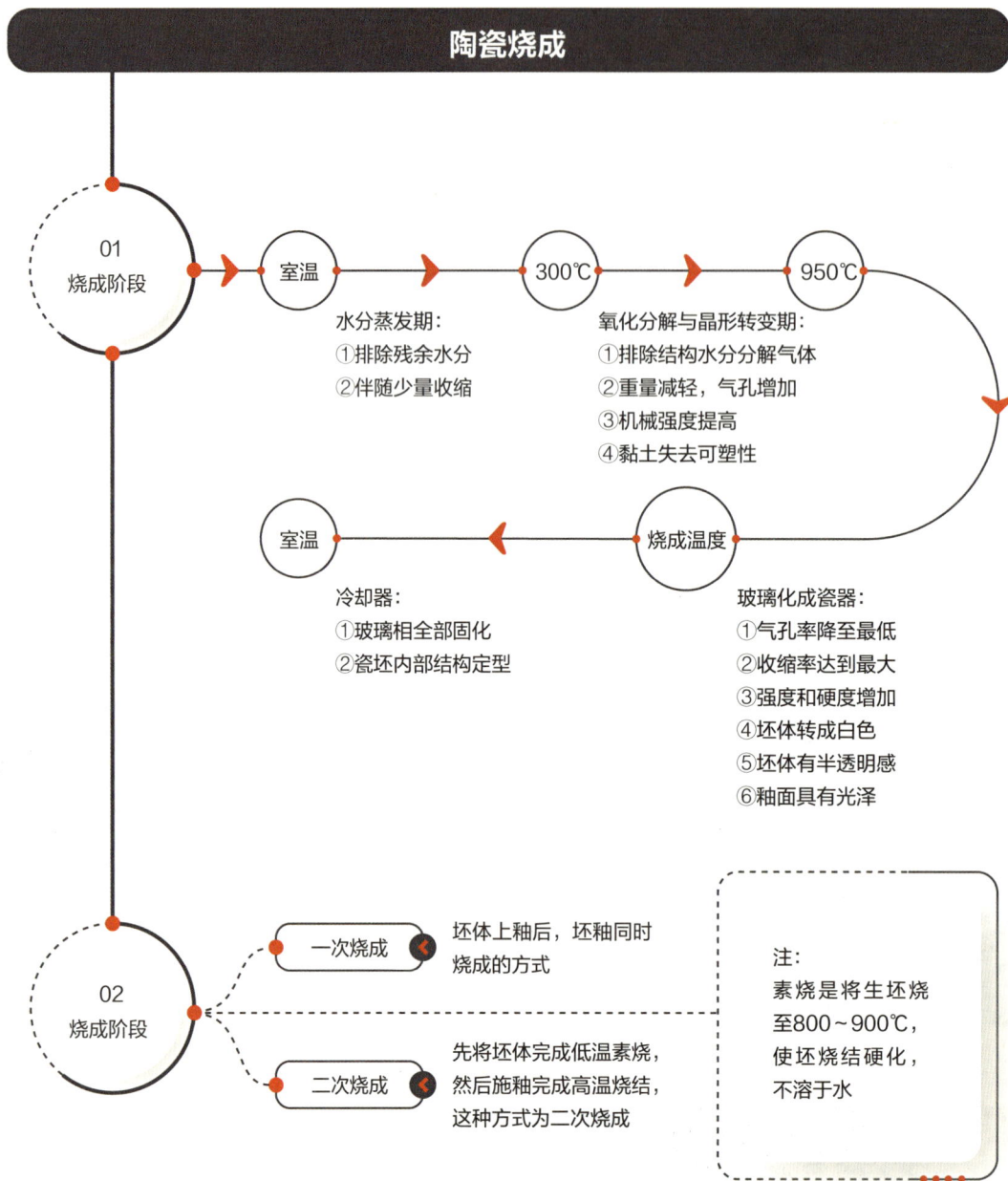

图7-9  陶瓷的烧成要点

*Notes*

# 7.4　陶瓷材料的应用

　　生活中的物品会随材料与技术的进步而创新。陶瓷经过几千年的变化与改进，拓展了很多新型的材料与技术，为产品设计提供了多样的表现形式。当代设计师应根据陶瓷材料的性能与机理，系统规划产品形态、色彩、功能、结构等设计要素，综合运用设计方法与审美法则完成一件产品的设计。通过产品带给人们的体验，引导人们的生活方式，提高人们的审美情趣。

# 7.5　案例分析与知识点解读

## 案例 1　杯与碟

　　**设计与应用分析**：设计师从平凡的日常生活细节中发现了有关视觉与触觉、结构与装饰的契合方式。在杯与碟的接触面上设计秩序性的浮雕装饰，采用滚压工艺制作独特的凹凸纹理，不仅在视觉上具有较强的装饰感，在随手放置时，纹理还能够相互契合，起到一定的防滑、稳定作用，从而带来一种新的使用体验与感受。

　　**知识点**：陶瓷滚压工艺

## 案例 2　OAX ORIGINAL酒瓶

**设计与应用分析：** OAX ORIGINAL是一款为梅斯卡尔酒（墨西哥瓦哈卡州特产的一种龙舌兰酒）设计的酒瓶，它给使用者带来了一种综合的多感官体验。产品的触觉和视觉处理，借助陶瓷的肌理让人联想到当地的砖块和土坯，与梅斯卡尔酒结合相得益彰。设计采用了高级灰釉装饰，再按照品牌的符号图形将局部的釉层剔除，露出的白色坯体与色釉相互衬映，画龙点睛，精致的细节提升了产品的品质感。酒瓶的造型属于非规则中空容器且形态较为复杂，采用注浆工艺生产完美地实现了产品造型设计与量产需求的平衡。

**知识点：** 注浆成型工艺

## 案例 3　皇家哥本哈根HAV系列餐具设计

**设计与应用分析**：HAV系列餐具设计延续了皇家哥本哈根品牌独特的装饰符号，纹饰似鱼鳞又似波纹，蓝色、白色釉搭配的效果仿佛清晨云雾中的海岸线，使用时营造出一种清新高雅的用餐氛围。产品生产运用注浆及滚压工艺加工，将鱼鳞纹的浅浮雕装饰制作在餐具之上，再通过喷釉工艺的渐变效果呈现出纹饰高雅的气质；同时在端拿部位的装饰，也起到了增大摩擦力防止脱手滑落的作用。

　　**知识点**：注浆及滚压成型工艺、喷釉工艺

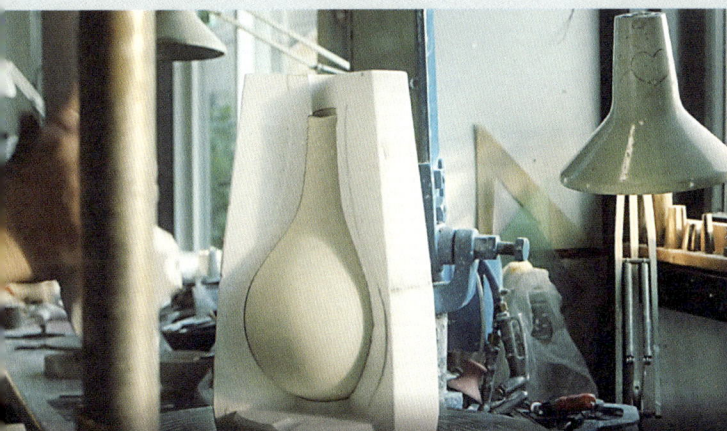

## 案例 4　Symbioticly系列陶瓷器皿

**设计与应用分析：** Symbioticly系列陶瓷器皿是一套易于使用的发酵容器。产品利用陶瓷有微小气孔的特性，使乳酸菌便于附着于器皿内壁从而帮助食品发酵；容器口部选择与弹性材质结合，既满足了发酵类食品的密封需求，又规避了陶瓷装配时配合不严的弱点。该系列陶瓷器皿的设计理念是对传统生活方式的现代解读，具有强烈的生活气息。设计师充分发挥了陶瓷产品的陈设属性，利用陈设品的形式语言设计外观造型，使产品和谐地融入居室环境当中，实现了功能与装饰的完美结合，从而将这种已存在于记忆中令人怀念的生活方式重新带回到现代生活场景中。

**知识点：** 陶瓷材料构造注浆成型工艺

## 案例 5    Terracotta Family陶土饮水器具

**设计与应用分析**：Terracotta Family陶土饮水器具是根据巴西传统的陶制饮水器具延伸设计的系列产品。使用陶制饮水器具时，水通过陶质过滤层缓慢地滴入储水容器中，水的味道、水滴的声音以及赤陶的颜色与质感，对当地人来说有其特殊的意义，体现了一种古朴、自然的生活氛围。设计师敏锐地捕捉到了材料的文化内涵，通过功能延展的方式针对饮水、加湿、植物养殖、照明等功能进行产品系列化设计，打造了一种综合的多感观体验。产品通过注浆、滚压工艺加工，全面地呈现了设计师的创作理念。产品造型以圆柱、圆锥体为基本形态，按功能与结构的需求将形态的尺度、比例、曲率进行相应的延展设计，造型语言的运用在统一中求变化，产品形态严谨，简练又不失生活的乐趣感。

**知识点**：陶瓷材料构造、注浆及滚压成型工艺

*Notes*

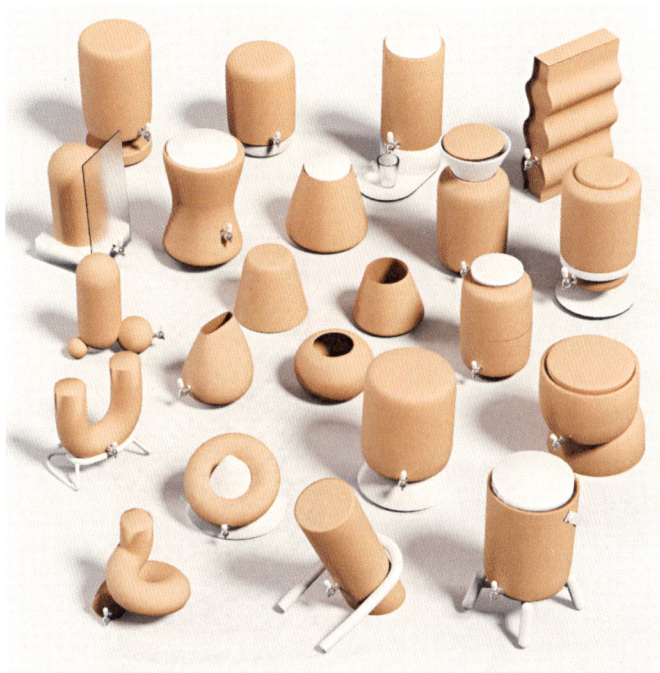

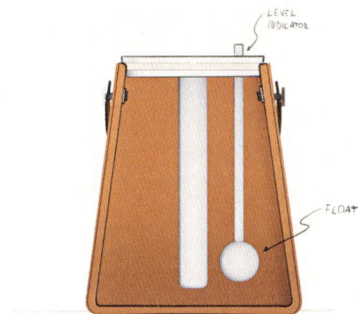

Humidifier

## 案例 6
# The Inside Out Planter陶瓷容器

**设计与应用分析：**设计师凭借自己对天然材料、植物和生态产品的关注，创新设计了一种对用户友好且利于植物在室内茁壮成长的种植容器。产品运用陶瓷的渗水性原理，不用土壤，没有污垢，只需要水通过材料缓慢扩散到植物的根系中，即可帮助其生长。产品的功能与装饰以结构设计的方式完美融合，设计师采用滚压技术在产品表面制作出秩序的凹凸结构，形成简洁、朴素的浮雕装饰，利用浮雕的厚度差异来控制陶瓷的渗水量，再通过陶瓷表面粗糙的肌理帮助植物的根系抓附生长，从而连续不断地将水分输送给植物的根系，构建一个良性的生长环境，创新了植物种植产品的使用方式。

**知识点：**陶瓷材料构造

## 案例 7    ISSA系列卫浴产品

**设计与应用分析：**陶瓷因为其具有抗腐蚀、耐酸碱的属性，非常适合制作卫浴产品，例如浴缸、坐便器、瓷砖等。ISSA系列卫浴产品在充分利用材料性能的基础上，发挥了陶瓷成型工艺的特点，在丰富产品造型的同时，产品的使用方式也得到进一步优化。结合生活中产品的使用痛点进行改良，在坐便器、面盆的造型设计中增加凹陷结构；在瓷砖设计时增加特殊的弧形或凸起模块单元，这些改良设计均为老年人及行动不便群体的实际需求考虑，将特殊的造型巧妙地融合到了产品及环境中，代替了刻意安装的扶手、把手、平台等辅助设备的功能，同时ISSA系列卫浴产品也是一组符合通用设计理念的陶瓷设计作品。

**知识点：**陶瓷注浆成型工艺

*Notes*

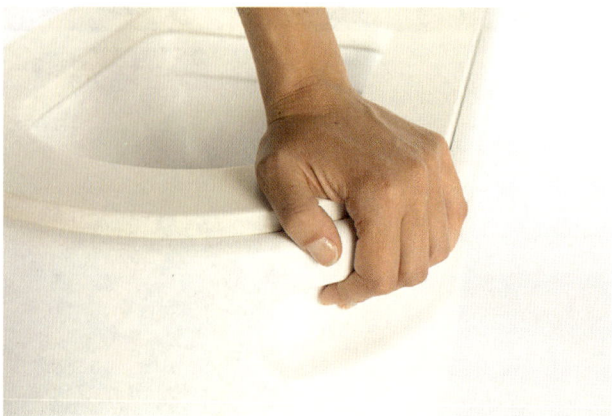

## 案例 8　　陶制幕墙

**设计与应用分析：** 在建筑领域，陶瓷材料也发挥着重要作用。其自重轻、耐腐蚀、隔音、隔热等优点，除建筑瓷砖外还适宜延伸应用到建筑幕墙方向。陶瓷作为建筑构件或部品既可以模块化设计与生产，还可以在成型过程中预留槽口，便于安装，这为建筑师拓宽了设计的可能性；在使用中，陶制幕墙不褪色、不易污染，可以降低维护成本，体现出成本低、功能良好、外观个性化的产品优势，对优化建筑的空间效果有较大应用价值。

**知识点：** 陶瓷构件与模块化应用

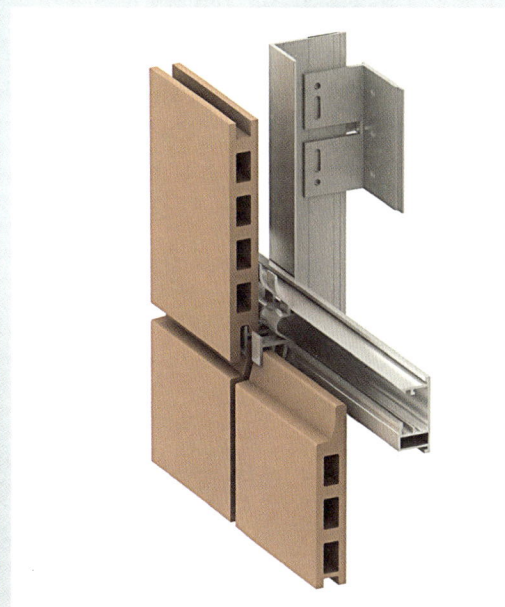

TERRASHADE 5009

TERRASHADE 5010

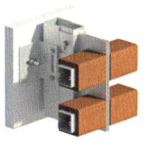
TERRASHADE 5011

TERRASHADE 5001

TERRASHADE 5007

TERRASHADE 5013

TERRASHADE 5014

TERRASHADE 3052

TERRASHADE 3078

TERRABLADE 3079

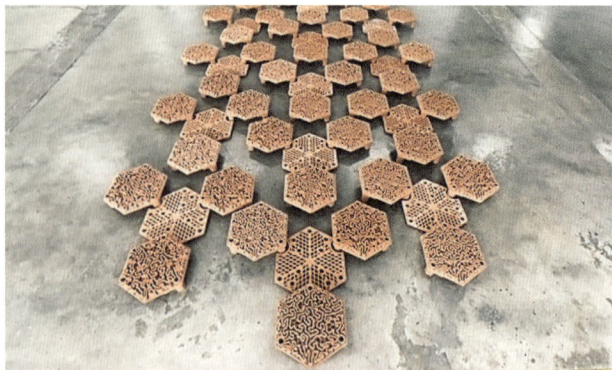

## 案例 9　TERRACOTTA陶砖

**设计与应用分析：**近年来，香港在西贡双岛的珊瑚种群锐减，引发了人们的关注。TERRACOTTA陶砖是一款模仿自然形态的类礁石结构产品，采用模块化设计，具有互锁结构，在需要时可以无限扩展，这样的结构对于不同的海底地形具有较强的适应性。设计师选用陶做为制作的材料，发挥了陶本身的化学稳定性和环保属性，耐腐蚀的特点恰好满足长期放置于海水中的需求；而相对于金属和水泥等传统人造礁石材料，陶更加环保。在制作中，传统工艺难以实现复杂仿生形态的标准化批量加工，3D打印技术的增材成型原理较好地解决了TERRACOTTA陶砖的成型问题，实现了珊瑚生长所需的类礁石结构的加工与量产。

**知识点：**陶制材料结构与3D打印技术

# 案例 10
## 氧化锆特种陶瓷转笔刀

**设计与应用分析：**一件看似简单、平凡的日用文具，蕴含着设计师巧妙的设计理念及对生活细节敏锐的洞察力。转笔刀的刀片发挥了氧化锆坚硬、耐磨损的特点，无需更换；但是氧化锆材料也存在韧性差的缺点，使用时容易脆裂断开。针对这一弱点，设计师采用氧化锆特种陶瓷材料一体成型的方式，将产品的造型设计为一个完整、厚实的长方体形态，将较脆弱的刀刃结构巧妙地隐藏于坚固的长方体块中，在保护刀刃的同时避免误伤到使用者的手指。一体成型只有采用注射成型工艺完成，才能满足转笔刀形态的成型需求以及结构的高精度需求，最终完美地实现设计师的意图。

**知识点：**陶瓷材料构造与注射成型工艺

*Notes*

Zirconia
Sharpener

Zirconia Sharpener

| Material: | Zirconia Ceramic |
|-----------|------------------|
| Size: | 15 x 23 x 34.5mm |
| Weight: | 0.07kg |

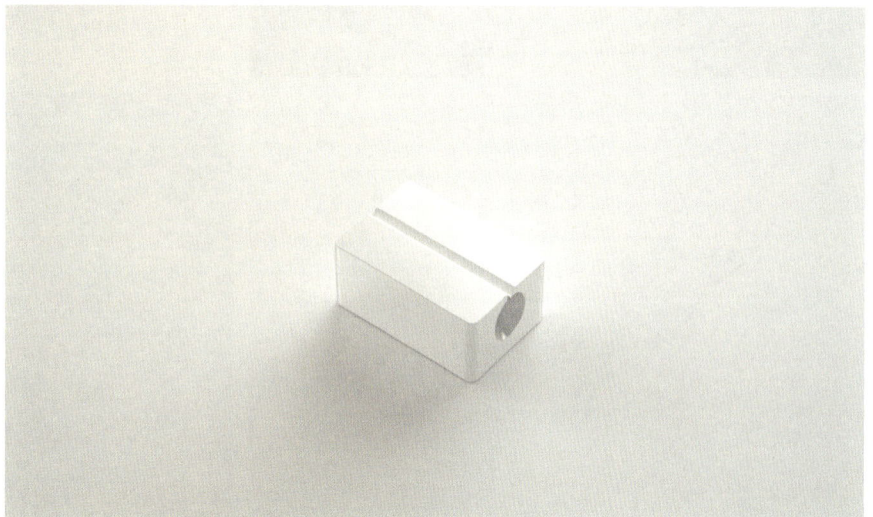

*Notes*

## 案例11
### 废旧陶瓷再利用——再生陶瓷混凝土

**设计与应用分析**：陶瓷在生产和使用过程中会不断产生废弃物，尤其是在陶瓷产区，给环境保护造成较大压力。传统处理方式是将废料打碎重新加入陶瓷制作原料中，但再利用程度有限。此设计是一种利用陶瓷碎片生产混合料制品的方式，使用陶瓷废料代替部分天然大理石骨料，保持材料性能的同时实现废物利用；陶瓷废料的形态转化为产品独特的视觉语言，亲和美观且具有成本低廉、工艺简单、形式多样的特点。找到其在日常生活中的应用场景，再以设计的方式解决陶瓷废料再生问题，生产出符合大众生活方式的产品，将是未来探索的方向。

**知识点**：废旧陶瓷再利用与设计

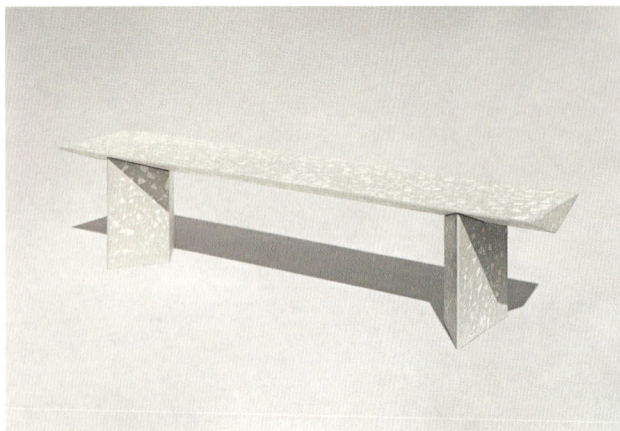

# 8

## 玻 璃

# 8.1　玻璃的基础知识

## 8.1.1　玻璃的概述

玻璃一直被视作一种能激发人奇思妙想的魔法般的材料，它的光泽、通透性、色彩以及易塑的形态、丰富的表面处理效果，使它成为产品设计的常用材料之一。无论是在遥远过去，还是在当下，玻璃工匠、化学家、艺术家和设计师对玻璃特性以及制造方法的探究从没有停止过，它就是这样一种令人陶醉和痴迷的材料。

玻璃是"火"和"砂"交融的奇迹，它可以呈现出无色透明的状态，也可以混合其他元素制成多种色彩效果或者降低其透明度的多种材质效果，用途非常广泛。《简明不列颠百科全书》这样描述玻璃："玻璃通常是一种透明而坚硬的固体，由某些液体冷凝而成。这种液体在冷凝的过程中不会结晶，而是越来越稠，直至成为固体。在一切能形成玻璃的物质中，二氧化硅应用最广，常与其他的辅助材料按不同的配比混合后熔成各种玻璃。"如图8-1所示为二氧化硅颗粒。

玻璃的材料成分主要由基本原料、助熔剂、着色剂构成，另外还包括脱色剂、澄清剂、乳浊剂等成分，如图8-2所示。这些成分构成了"玻璃配方"，配方经过不同比例的混合，通过高温熔融、匀化、加工成型、退火制成不同样式的玻璃。

玻璃制品在人们的日常生活中处处可见，比如玻璃幕墙的建筑、明亮通透的玻璃窗、造型丰富的的玻璃酒杯、晶莹剔透的玻璃器皿、时尚的玻璃首饰等，玻璃已经与人们的生活息息相关。玻璃对光具有折射和反射的作用，并且通过高温熔融可以控制其形变，产生各种形状，给设计师和艺术家提供了无限创造的可能性，如图8-3所示为不同玻璃制品的案例。

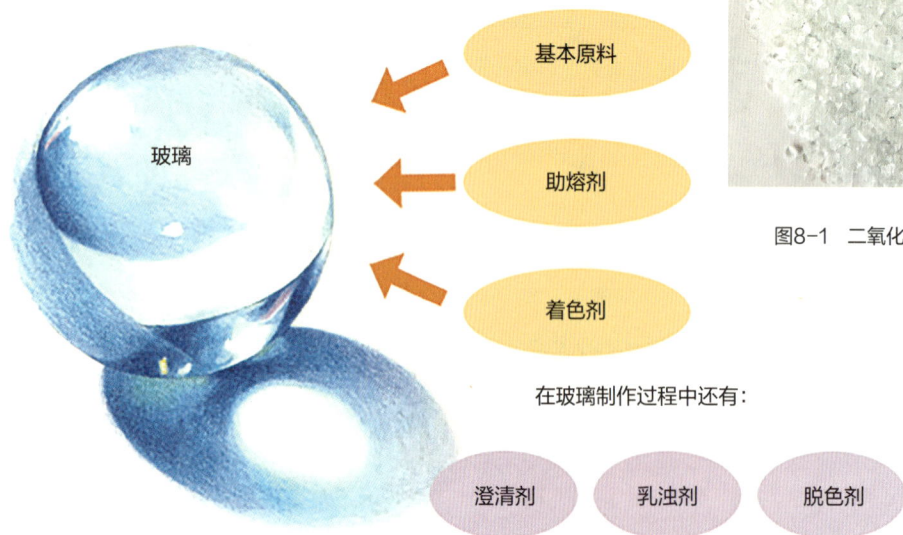

图8-1　二氧化硅颗粒（原料主要来自石英砂）

玻璃

基本原料

助熔剂

着色剂

在玻璃制作过程中还有：

澄清剂　　乳浊剂　　脱色剂

图8-2　玻璃的主要成分

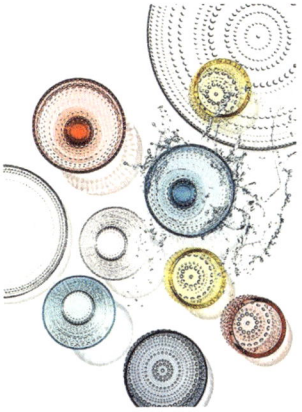

（a）芬兰iittala玻璃器皿

（b）玻璃器皿二

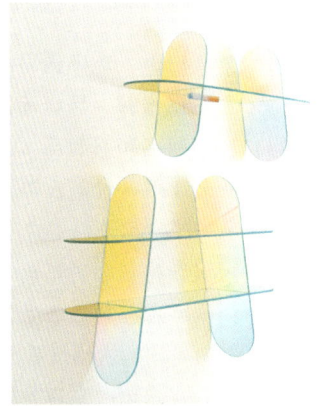

（c）Patricia Urquiola设计的玻璃置物架

（d）戴尔·奇胡利的玻璃艺术装置

（e）中世纪奥地利玻璃器皿

（f）玻璃灯具

（g）戴尔·奇胡利的玻璃艺术装置

图8-3 不同玻璃制品案例

### 8.1.2　玻璃的起源

根据史料记载，玻璃最早出现在大约5000多年前的美索不达米亚平原，后来经阿拉伯传播到了世界各地，但根据已知的考古发掘推算，可以确定日期的、最早的玻璃制造来自古埃及。大约在公元前5000年，古埃及的工匠调制了一种釉料，在陶制品和石制品上做装饰，这种釉料具有玻璃的性质，可以说是玻璃材料的早期形式。古埃及人掌握的玻璃工艺制造技能可以说是人类历史上的一个奇迹。

最早的玻璃常用来制成珠子、印章、镶嵌物等小饰品，直到公元前16—前14世纪在古埃及和两河流域都出现了玻璃器皿。那时候原始状态的玻璃是由硅石、石灰、天然碳酸苏打混合而成，并不透明。直到新王国时期，出现了玻璃的着色技术，这种彩色的玻璃受到了王室贵族极大的喜爱，常被做成护身符或放在木乃伊身上，祈求得到保护，如图8-4所示。新王国时期的古埃及是人类历史上首先以玻璃材料制作生活用品的国度，如玻璃瓶、玻璃碗等。

古埃及人还运用"马赛克镶嵌"的方法将玻璃运用在建筑以及重要的雕塑、家具、装饰物中。古埃及人还将初步熔炼的玻璃原料传到了地中海地区和希腊，再由当地加工生产成产品。

另外，由于叙利亚海岸拥有很多天然优质的砂料，特别适合制作玻璃，腓尼基人可能在偶然的情况下，在海滩燃篝火的过程中发现了玻璃原料及制造的秘密，并将这些玻璃制成的产品运往世界各地，由此掀开了玻璃文明的篇章。

## 8.2　玻璃的特性和分类

### 8.2.1　玻璃的特性

玻璃的种类非常多，随着新技术的发展，不断出现具有新特性的玻璃，玻璃的特性可分为艺术特性和基本特性，如图8-5所示。

（1）玻璃的基本特性

设计师进行玻璃产品设计过程中，对于玻璃基本特性的了解是必须的。玻璃的基本特性包括强度、硬度以及光学、电学、热学、化学等相关性能，这些性能也直接影响着玻璃制品的设计与使用。图8-6对玻璃的基本特性进行了归纳与说明。

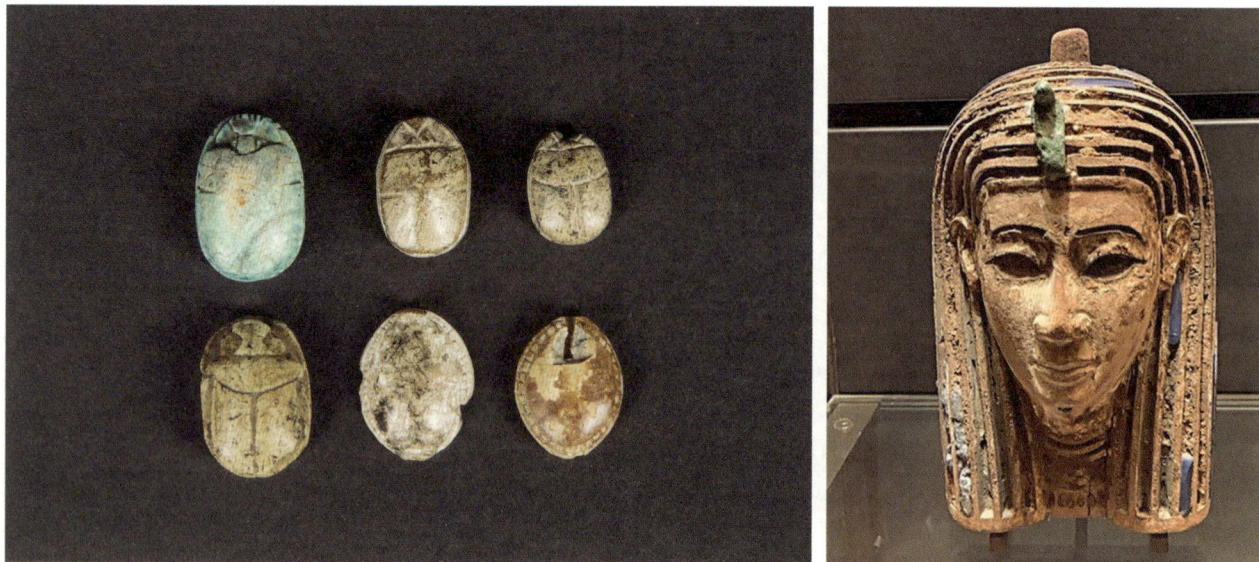

图8-4　埃及圣甲虫护身符和玻璃镶嵌

图8-5 玻璃的特性

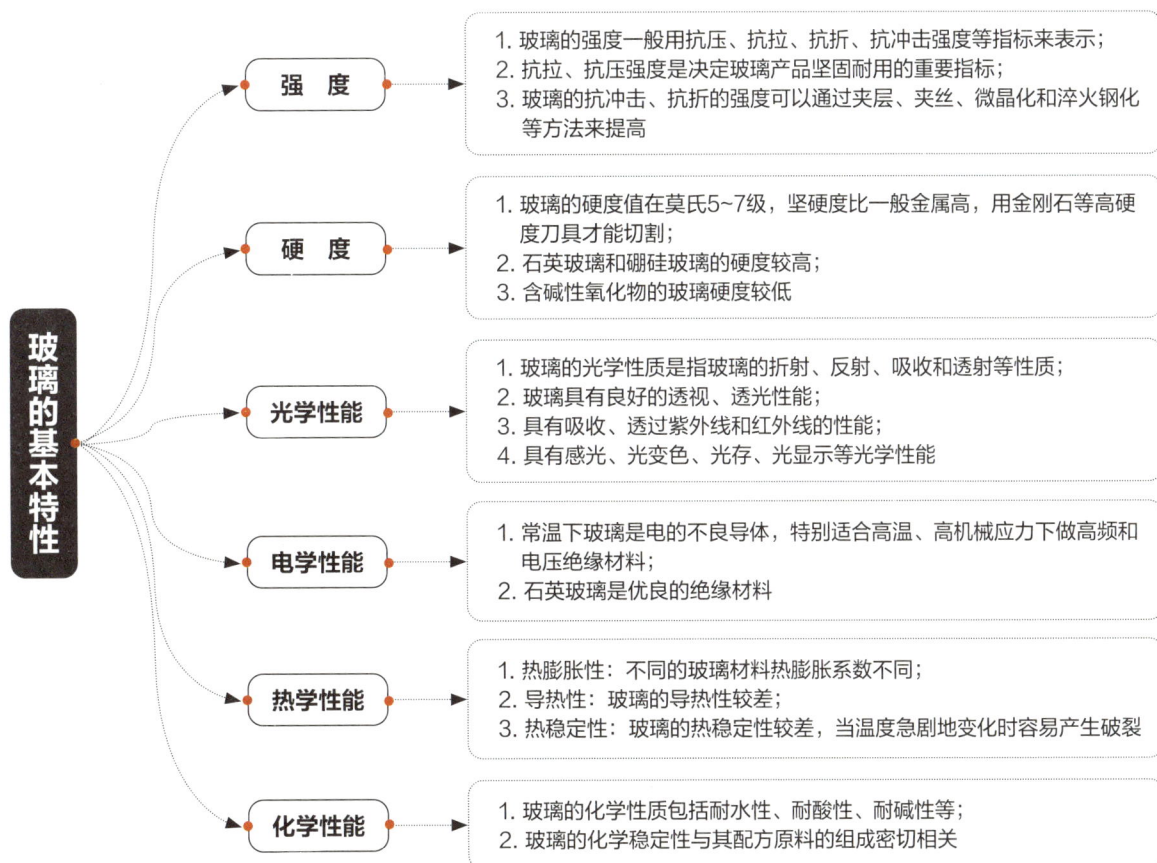

图8-6 玻璃的基本特性归纳与说明

（2）玻璃的艺术特性

玻璃的艺术特性赋予玻璃独特的魅力，也给艺术家和设计师更丰富的创作与设计灵感。图8-7对玻璃的艺术特性进行了归纳，图8-8为体现玻璃艺术特性的案例。

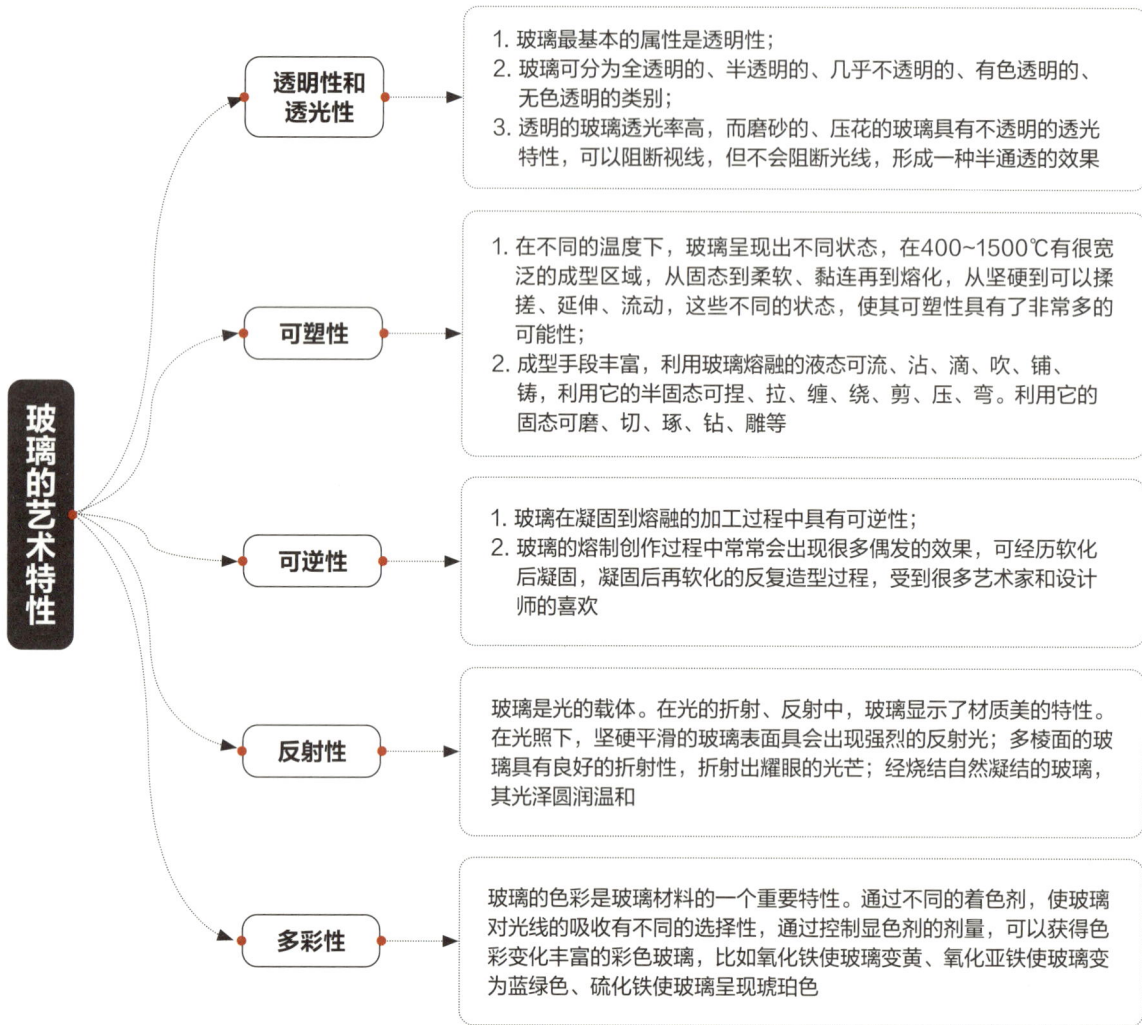

**玻璃的艺术特性**

**透明性和透光性**
1. 玻璃最基本的属性是透明性；
2. 玻璃可分为全透明的、半透明的、几乎不透明的、有色透明的、无色透明的类别；
3. 透明的玻璃透光率高，而磨砂的、压花的玻璃具有不透明的透光特性，可以阻断视线，但不会阻断光线，形成一种半通透的效果

**可塑性**
1. 在不同的温度下，玻璃呈现出不同状态，在400~1500℃有很宽泛的成型区域，从固态到柔软、黏连再到熔化，从坚硬到可以揉搓、延伸、流动，这些不同的状态，使其可塑性具有了非常多的可能性；
2. 成型手段丰富，利用玻璃熔融的液态可流、沾、滴、吹、铺、铸，利用它的半固态可捏、拉、缠、绕、剪、压、弯。利用它的固态可磨、切、琢、钻、雕等

**可逆性**
1. 玻璃在凝固到熔融的加工过程中具有可逆性；
2. 玻璃的熔制创作过程中常常会出现很多偶发的效果，可经历软化后凝固，凝固后再软化的反复造型过程，受到很多艺术家和设计师的喜欢

**反射性**
玻璃是光的载体。在光的折射、反射中，玻璃显示了材质美的特性。在光照下，坚硬平滑的玻璃表面会出现强烈的反射光；多棱面的玻璃具有良好的折射性，折射出耀眼的光芒；经烧结自然凝结的玻璃，其光泽圆润温和

**多彩性**
玻璃的色彩是玻璃材料的一个重要特性。通过不同的着色剂，使玻璃对光线的吸收有不同的选择性，通过控制显色剂的剂量，可以获得色彩变化丰富的彩色玻璃，比如氧化铁使玻璃变黄、氧化亚铁使玻璃变为蓝绿色、硫化铁使玻璃呈现琥珀色

图8-7 玻璃的艺术特性归纳

图8-8 玻璃的艺术特性案例

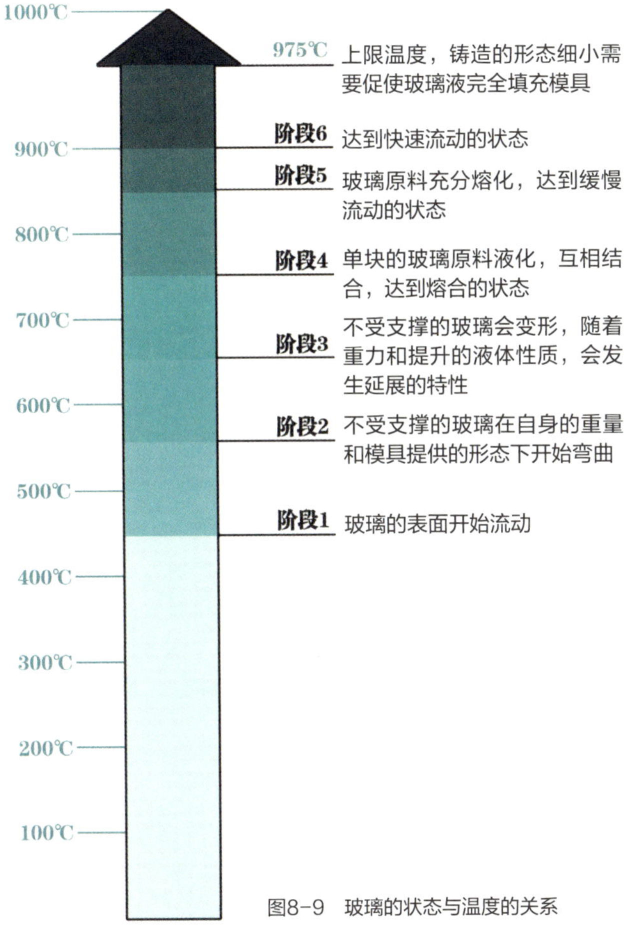
1000℃
975℃ 上限温度，铸造的形态细小需要促使玻璃液完全填充模具
900℃
阶段6 达到快速流动的状态
阶段5 玻璃原料充分熔化，达到缓慢流动的状态
800℃
阶段4 单块的玻璃原料液化，互相结合，达到熔合的状态
700℃
阶段3 不受支撑的玻璃会变形，随着重力和提升的液体性质，会发生延展的特性
600℃
阶段2 不受支撑的玻璃在自身的重量和模具提供的形态下开始弯曲
500℃
阶段1 玻璃的表面开始流动
400℃
300℃
200℃
100℃

图8-9 玻璃的状态与温度的关系

Notes

在不同的温度下，玻璃呈现出的状态是不同的，玻璃的状态从固态到柔软、黏连再到熔化。利用玻璃从坚硬到柔软的状态变化，配合操搓、延伸、流动等不同的方式加以塑造，可以形成非常多的可能性（图8-9、图8-10）。

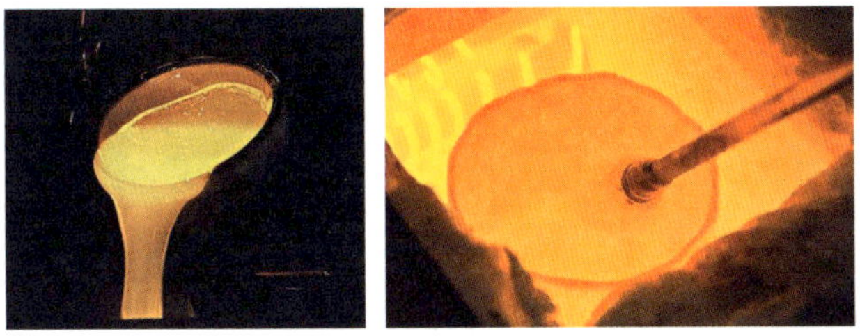

图8-10 玻璃呈现不同的状态

## 8.2.2 玻璃的分类

玻璃可以按照性能、化学成分和用途分类，图8-11对玻璃的分类进行了归纳。

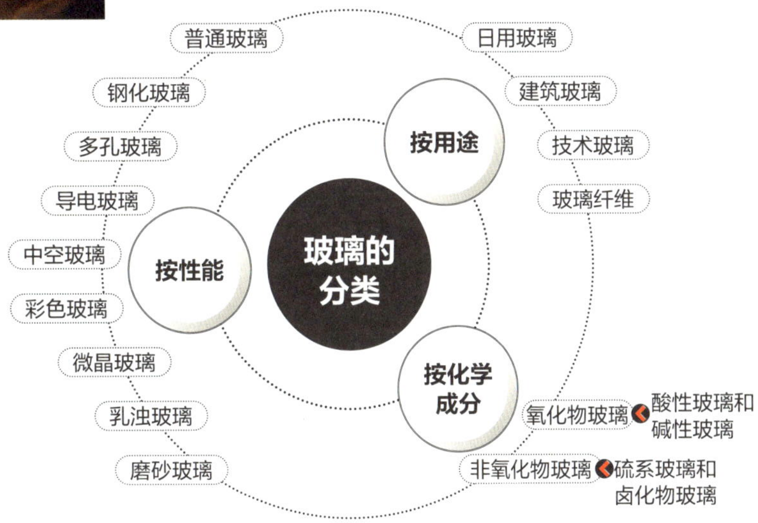
玻璃的分类
按性能
普通玻璃
钢化玻璃
多孔玻璃
导电玻璃
中空玻璃
彩色玻璃
微晶玻璃
乳浊玻璃
磨砂玻璃
按用途
日用玻璃
建筑玻璃
技术玻璃
玻璃纤维
按化学成分
氧化物玻璃
酸性玻璃和碱性玻璃
非氧化物玻璃
硫系玻璃和卤化物玻璃

图8-11 玻璃的分类归纳

# 8.3　玻璃的加工工艺

玻璃的加工需要经过熔制、成型、热处理和二次加工等，其加工工艺的详细步骤如图8-12所示。

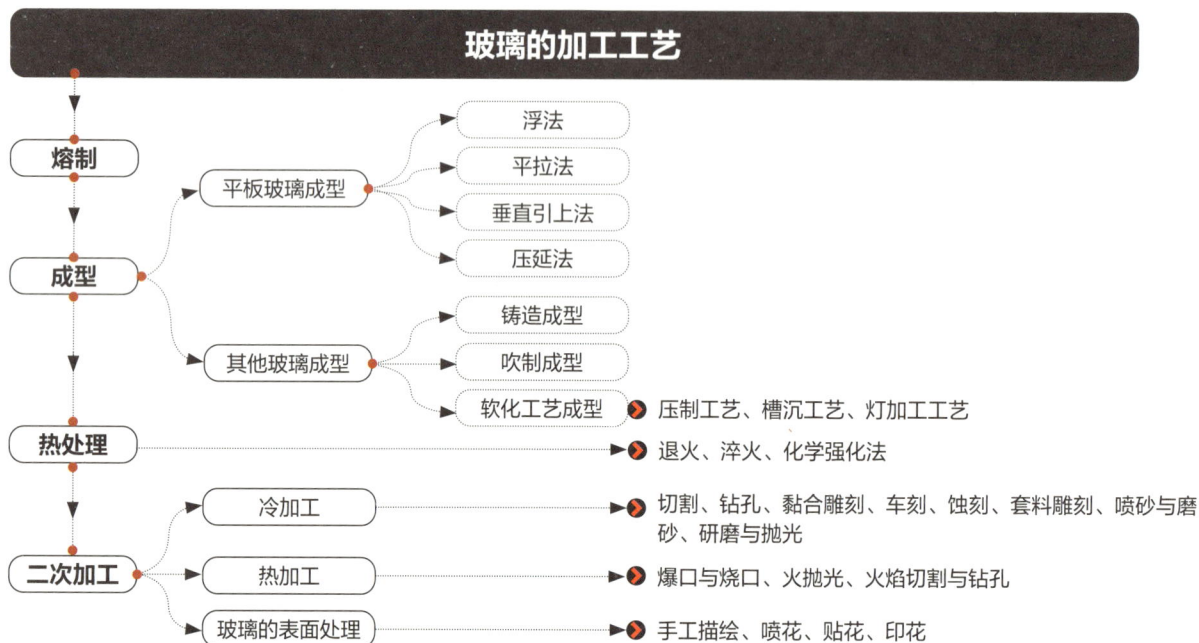

**玻璃的加工工艺**

- 熔制
- 成型
  - 平板玻璃成型
    - 浮法
    - 平拉法
    - 垂直引上法
    - 压延法
  - 其他玻璃成型
    - 铸造成型
    - 吹制成型
    - 软化工艺成型　▶ 压制工艺、槽沉工艺、灯加工工艺
- 热处理　▶ 退火、淬火、化学强化法
- 二次加工
  - 冷加工　▶ 切割、钻孔、黏合雕刻、车刻、蚀刻、套料雕刻、喷砂与磨砂、研磨与抛光
  - 热加工　▶ 爆口与烧口、火抛光、火焰切割与钻孔
  - 玻璃的表面处理　▶ 手工描绘、喷花、贴花、印花

图8-12　玻璃的加工工艺

## 8.3.1　玻璃的熔制工艺

将玻璃配合料经过高温熔融，形成均匀、纯净、透明、无气泡、符合成型要求的玻璃液的过程称为玻璃的熔制工艺（图8-13）。温度是决定熔化速度的重要因素，温度越高，玻璃成型速度也越快，在条件允许的情况下，尽可能地提高熔制温度。玻璃的熔制温度约为1200~1600℃，图8-14为玻璃熔制工艺中的温度因素示意。

图8-13　均质炉对材料的加热处理

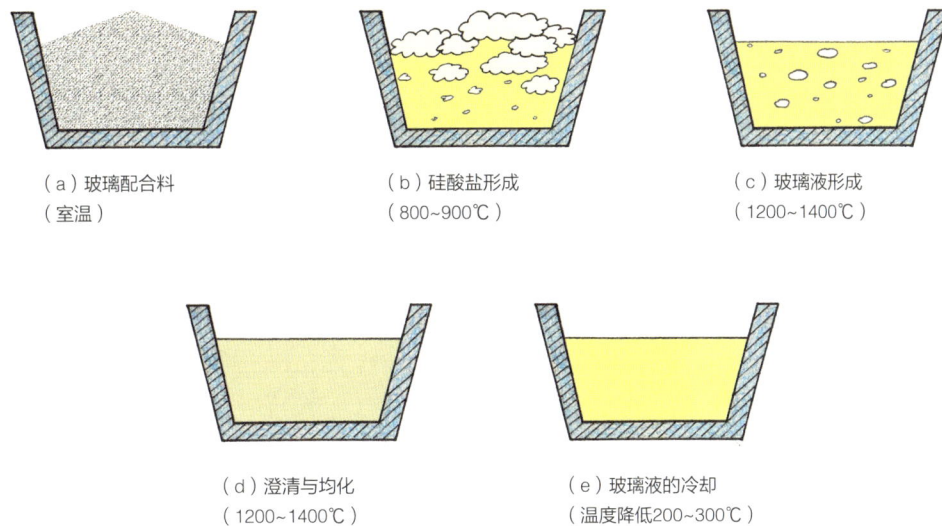

（a）玻璃配合料
（室温）

（b）硅酸盐形成
（800~900℃）

（c）玻璃液形成
（1200~1400℃）

（d）澄清与均化
（1200~1400℃）

（e）玻璃液的冷却
（温度降低200~300℃）

图8-14　玻璃的熔制工艺中温度因素示意图

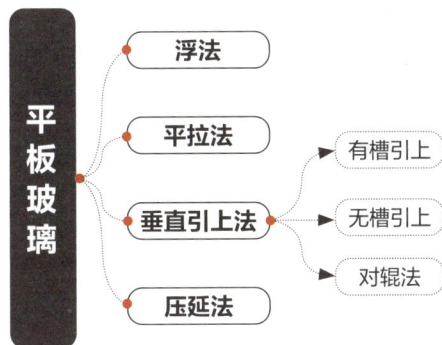

图8-15　平板玻璃的机械成型工艺

图8-16　玻璃压延成型工艺设备

## 8.3.2　玻璃的成型工艺

（1）平板玻璃的成型工艺

平板玻璃的主要成型工艺有手工成型和机械成型。机械成型工艺相对传统手工成型工艺，其生产效率高，玻璃表面品质好，是现在平板玻璃制造的主要工艺。机械成型工艺又分为浮法、平拉法、垂直引上法（有槽或无槽、对辊）、压延法4种形式。图8-15为平板玻璃的机械成型工艺的分类。因平板玻璃生产效率及生产品质，目前国内已经基本淘汰了垂直引上法成型和平拉法成型的工艺。

这里重点介绍压延法成型工艺。压延法成型工艺主要分为单辊法和双辊法，是利用金属辊的滚动将玻璃熔融体压制成板状玻璃制品，主要用来生产压花玻璃和夹丝玻璃。该工艺适用于制作建筑的室内间隔、卫生间门窗及需要阻断视线的多种场合所需产品。图8-16为玻璃压延成型工艺设备。

（2）其他玻璃的成型工艺

①铸造成型工艺

铸造成型工艺是预先制作好模具，然后将玻璃熔融成液态注入模具，或者在预先制作好的模具中叠放玻璃碎料，连同模具一起放进熔炉，待玻璃熔融与模具完全吻合，再退火成型。如图8-17所示。

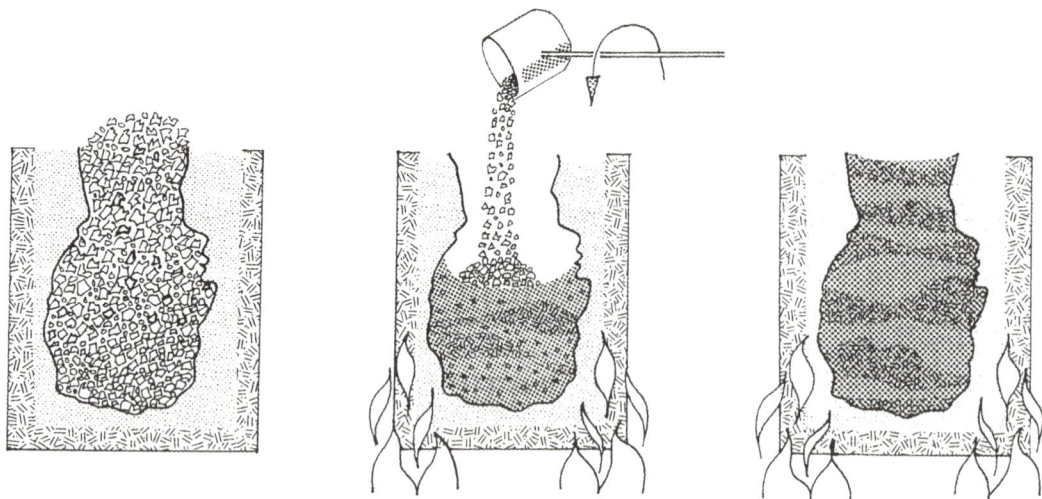

图8-17　玻璃铸造成型工艺

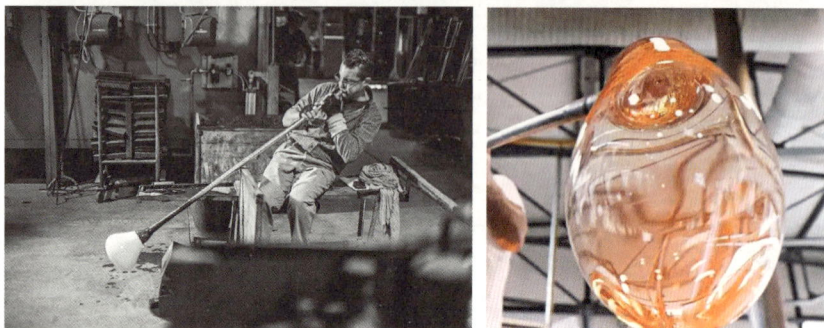

图8-18　玻璃吹制成型现场

铸造过程如下：

塑造母型—翻制模具—在模具中填入玻璃原料—烧制—熔化—冷却—退火。

玻璃的铸造成型经常会出现偶然的效果，因为在制造过程中原料、温度等因素的细微差异难以完全控制。

铸造成型工艺包括失蜡浇铸法和沙铸法。

②吹制成型工艺

吹制成型工艺可以分为机械吹制和人工吹制。机械吹制时，玻璃液经过供料机，供料机按照设定的重量和形状将其剪入初型模中吹成或压成初型，然后再转入成型模中进行吹制成型。人工吹制时需使用吹管，一端从熔炉中蘸取玻璃液，滚匀后用嘴在另一端吹气，使其形成中空的玻璃料泡，最后从管上敲落，冷却成型，也可以在模具中吹胀成为中空的产品。这种工艺方法适用于制作瓶、罐等器皿以及灯泡、工艺品等。图8-18为玻璃吹制成型现场。人工吹制的玻璃成型工艺也是最具技巧性的艺术创作活动之一。

③软化成型工艺

玻璃的软化成型工艺，是一种在模具中加入玻璃熔料加压成型的工艺。如图8-19压制软化成型所示，模压成型的玻璃表面光泽度和透明度比吹制成型的玻璃差，很难制造薄壁的产品，但制造效率较高，并且能制成连续的表面花纹和特殊形状的产品，图8-20为压制成型的杯子。

④灯加工工艺

"灯工"的工艺方法实际是把低熔点的玻璃料条放在高温焰口下进行加温，当玻璃料条在不同程度的软化状态下，利用钳子、镊子、剪刀、针等多种工具压、拉、缠、绕、剪、弯、粘等快速地雕塑成型。灯加工工艺适合低熔点、多色彩的玻璃，一般都是手工操作。图8-21为喷灯工艺制作现场与成品展示。

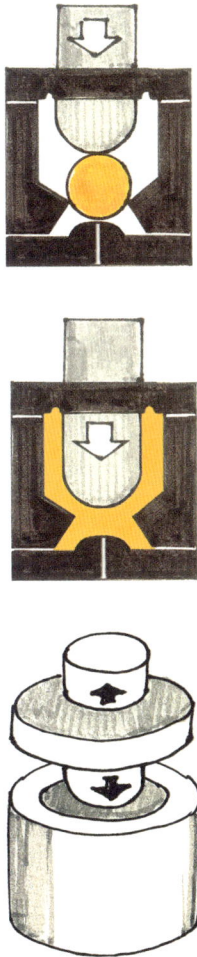

图8-19　压制软化成型示意图

图8-20　压制成型的玻璃杯

图8-21　玻璃的喷灯工艺制作现场与成品展示

### 8.3.3　玻璃的热处理

玻璃的热处理分为退火、淬火和化学强化法3种。由于在玻璃的加工制造中需要经历反复的高温到冷却的过程，玻璃的表面和内部会经受剧烈的、不均匀的温度变化。这种应力会使玻璃材料的强度降低，在后期的加工过程中容易出现自行爆裂的现象，且光学性质也不均匀。因此，玻璃热处理其实就是对玻璃进行钢化及钢化后的均质处理。玻璃的热处理有点类似钢件的淬火处理，是将玻璃加热至一定温度（600多摄氏度），保温后再用急剧风冷却，以使玻璃的硬度及强度提高的一种处理方法。然后再将钢化后的玻璃放入均质炉中，保温（温度低于钢化温度很多，一般为200多摄氏度）一定时间后冷却，有点类似于金属热处理中的回火。因此，玻璃的热处理可使其内部结构均匀，增加其强度和稳定性，提高其光学性能。

### 8.3.4　玻璃的二次加工

初次成型的玻璃，除极少数能直接使用外，大多数都需要经过进一步的二次加工，才能达到产品使用的要求。玻璃的二次加工可分为冷加工、热加工和表面处理，图8-22对玻璃的二次加工进行了归纳。

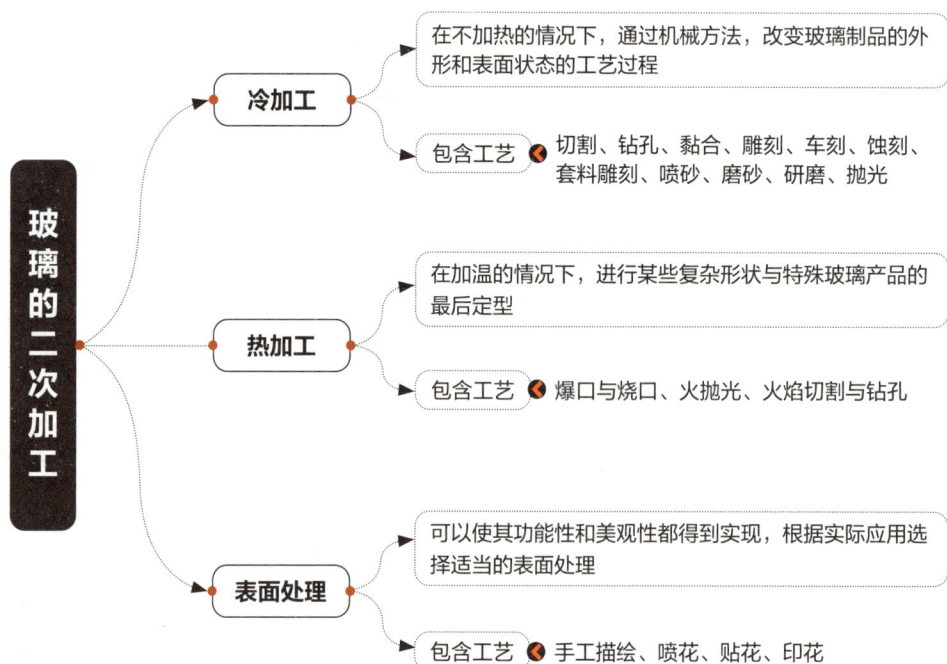

玻璃的二次加工

**冷加工**
- 在不加热的情况下，通过机械方法，改变玻璃制品的外形和表面状态的工艺过程
- 包含工艺　切割、钻孔、黏合、雕刻、车刻、蚀刻、套料雕刻、喷砂、磨砂、研磨、抛光

**热加工**
- 在加温的情况下，进行某些复杂形状与特殊玻璃产品的最后定型
- 包含工艺　爆口与烧口、火抛光、火焰切割与钻孔

**表面处理**
- 可以使其功能性和美观性都得到实现，根据实际应用选择适当的表面处理
- 包含工艺　手工描绘、喷花、贴花、印花

图8-22　玻璃的二次加工归纳

## 8.4 案例分析与知识点解读

### 案例 1 "幽灵"椅

**设计与应用分析：** 在基思·卡明斯《玻璃艺术的窑制技法》一书中考证，"幽灵"椅是由一整片厚12mm的单片弯曲玻璃制成的椅子，由于玻璃材料通体透明、无阴影，像幽灵一样悬浮在空间中，故被命名为"幽灵"椅。该作品由设计师奇尼·博埃里（Cini Boeri）和汤米·卡塔亚娜吉（Tomi Katayanagi）设计创作，由意大利FLAM公司制作。

在制作时，首先在整张单片玻璃上切割一个槽，然后进行加温软化，软化过程中借助模具将其弯曲、定型，最后对边缘进行研磨和抛光。整个制作的难点在于软化时的玻璃与模具结合容易产生印记，所以需要准确地掌握玻璃的软化程度，小心地进行操作。看起来单薄、脆弱的"幽灵"椅实际能承受150kg的重量。

"幽灵"椅的设计巧妙地运用了玻璃透明、透光、高强度、高硬度的特性，达到了功能、形态、材质的完美结合。无论将它放置在现代的空间中还是古典的空间中，与什么风格的家具进行搭配，都毫无违和感，深受人们喜爱。

**知识点：** 玻璃的弯曲工艺

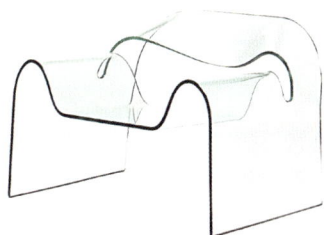

*Notes*

## 案例 **2**    "凝固的大海"玻璃装置

**设计与应用分析**：这件以"大海"为主题的玻璃装置是新西兰艺术家（Ben Young）的作品，Young从小生活在美丽丰饶的新西兰北岛海湾，是一名冲浪好手和造船高手，海洋文化融入他的血液中。他运用玻璃通透、多彩、光洁的特点来表现海洋，用粗糙、厚重、高强度的混凝土来表现岩石，互相衬托，相互融合，创作了一系列以大海为主题的雕塑装置作品。

在制作时，每个装置艺术作品中的玻璃部分都是采用单色透明平板浮法玻璃制成，艺术家根据手绘的平面图纸，确定每一片形态极其近似的单片玻璃形态，然后对透明的片状浮法玻璃进行手工切割编号，接着进行研磨和抛光，最后将它们一层一层地叠在一起。整个过程中，通过构筑模型、绘制模板、定制夹具、手工玻璃工具来完成玻璃的制作。艺术家在创作和制作时，不断地进行二维形态、三维形态的相互转化，达到完美的艺术效果。

整个作品的亮点在于对"大海"的表现，层叠通透的玻璃出现了质洁冰清的海洋效果，一片片近似形态的玻璃层层叠叠地组合后模拟了海浪的波涛，让人在凝固的玻璃中感受到海的波动及声音。

**知识点**：平板玻璃的浮法工艺

## 案例 3　"海洋生物"空间装置

**设计与应用分析：** "海洋生物"空间装置作品由美国著名玻璃艺术家戴尔·奇胡利创作。可能由于他集艺术家、建筑师于一身，它的作品并不局限于小范围的珍贵物品的创作，而是将玻璃艺术与空间环境、光影、景观相结合，极具感染力。作品以吹制玻璃为主要技艺手段，具有充满生命力的线条形态，变化丰富的色彩美到让人沉醉。

其制作工艺过程如下：用吹杆的一端蘸取软化的玻璃团，利用其延伸性特点，从另一端吹气，使玻璃团膨胀形成中空的腔壁，然后逐步加大吹气力度，利用工具进行塑形，这个过程需要制作者具备熟练的技艺及温控的经验，巧妙地利用玻璃的黏性流动进行吹、塑、延伸，手法熟练的操作者在创作时翻卷自如，表现其高度的自由感，这是一种自由成型的方法，也是一种古老的成型方法。

戴尔·奇胡利的作品将吹制玻璃的技艺发挥到了极致，每一个小的单元都具有自由的生命张力，当小的单元汇聚成一整件雕塑或一个大型空间装置的时候，动感的力量、生命的节奏带动起人的感官，给人深刻的体验。

**知识点：** 玻璃的工艺吹制

*Notes*

*Notes*

## 案例 4　玻璃碗

**设计与应用分析**：这件玻璃碗是一件精巧的简单铸造作品，出自乔治·德普雷（Georges Despret）之手。作品的特点在于碗壁丰富的绿、蓝、琥珀色调相互流动、渗透，纹理变化丰富，美不胜收。在铸造过程中对温度以及时间的掌控是最难的，需要丰富的经验，时间不足则色彩的流动性不明显、玻璃表面不能完全熔合，时间太长则会损坏模具结构。另外，时间的长短、温度的高低也和玻璃显现的透明度相关。

该作品采用失蜡技术完成铸造。碗体的花纹是从碗足向碗口延伸，失蜡模具是从碗的底部进行添料，在操作中，选择不同颜色的碎玻璃料，按颜色一层一层地填装，并在想出现特殊花纹的地方精确地定位特色玻璃。由于在铸造过程中，碎玻璃料会慢慢熔化、下降，因此在模具制作时会在填料口（也就是碗足的底部）制作额外的加料空间，这个部分的玻璃料可以填补下降的空缺。玻璃料熔化向下流动，不同颜色的玻璃就会发生混合，形成美丽的流动的彩色花纹。

**知识点**：玻璃的铸造工艺、失蜡法

额外加料空间

## 案例 5　冰杯

**设计与应用分析**：冰杯系列作品由北京工业大学产品设计专业学生张晟瑞创作，设计的初衷是结合冰雪文化的元素，设计兼具实用性和观赏性的文化产品。设计灵感来自"冰"从固态到液态的变化过程，玻璃的晶莹剔透正好契合了冰的特点，作品运用多个玻璃固化形态，表现冰的融化过程，既具有生活实用性，又具有一定的艺术观赏性。

其制作工艺采用窑制玻璃工艺。由于系列形态需要具有连贯性，所以在形态制作初期用油泥进行形态推敲，然后翻制硅橡胶模并以石膏固定，在硅橡胶模中灌入蜡液，浇制出蜡质的"原型"蜡模，冷却后取出蜡型，进行精修，然后用一级耐火石膏包埋、加温脱蜡，在耐高温材料中就形成一个具"原型"形状的腔，将玻璃块填入模内，放在窑炉内进行加温，玻璃块逐渐熔化融合，直至完全填满空腔后即可退火，冷凝成型。在出炉后使用凿子与刷子使石膏脱落，再以水枪清洗表面附着的石膏，最后进行冷加工处理。这一过程是最枯燥也是最关键的，经过无数次的粗磨到无数次的细磨，以及无数次的抛光，得到光滑的玻璃表面以及晶莹剔透的质感。

**知识点**：玻璃的铸造工艺

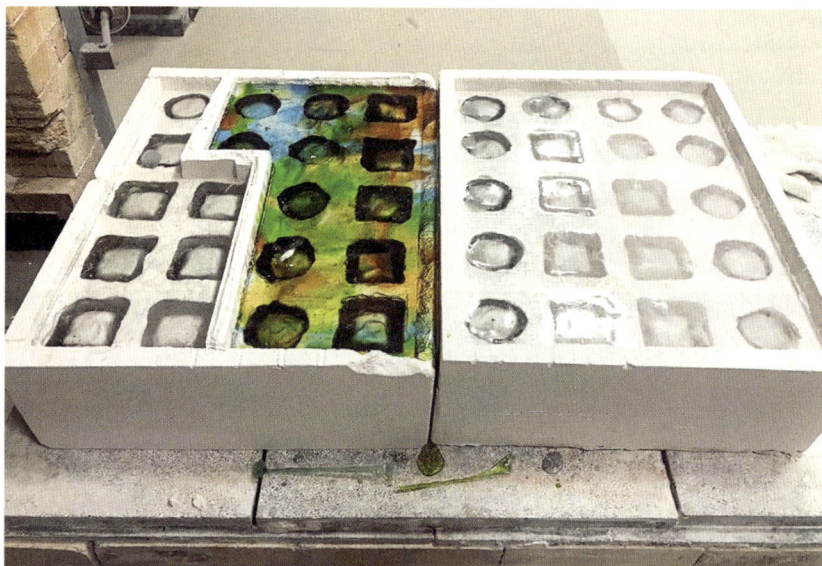

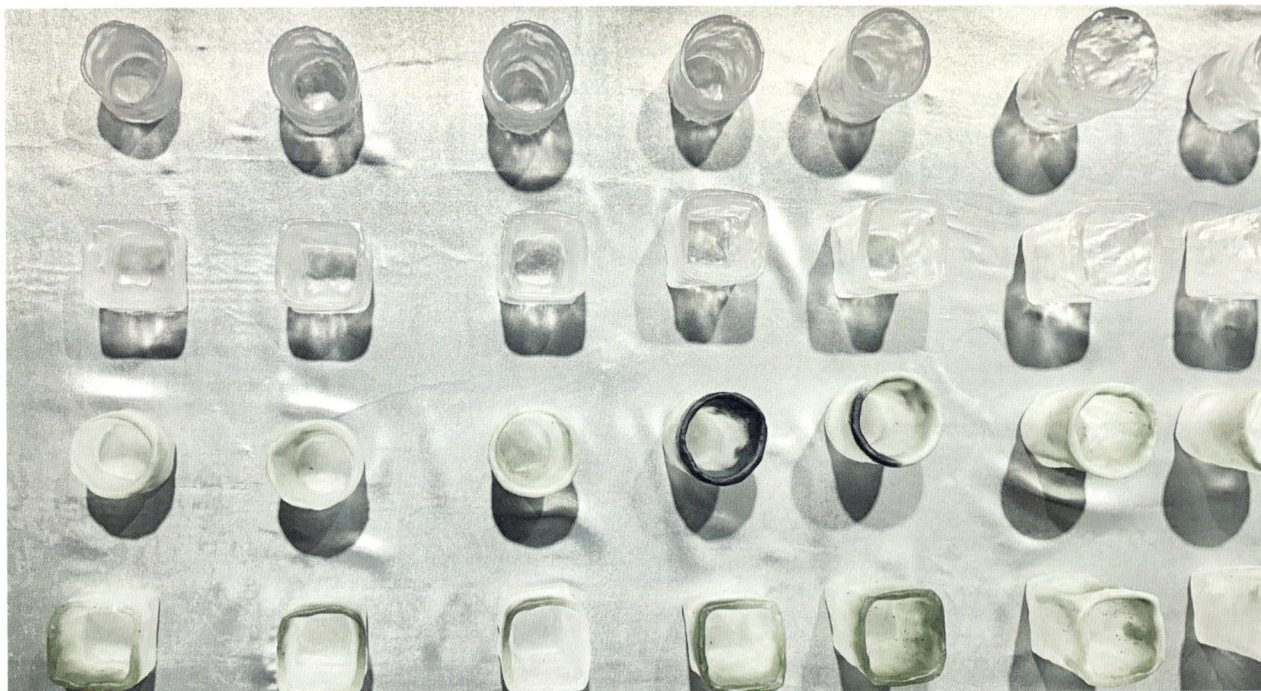

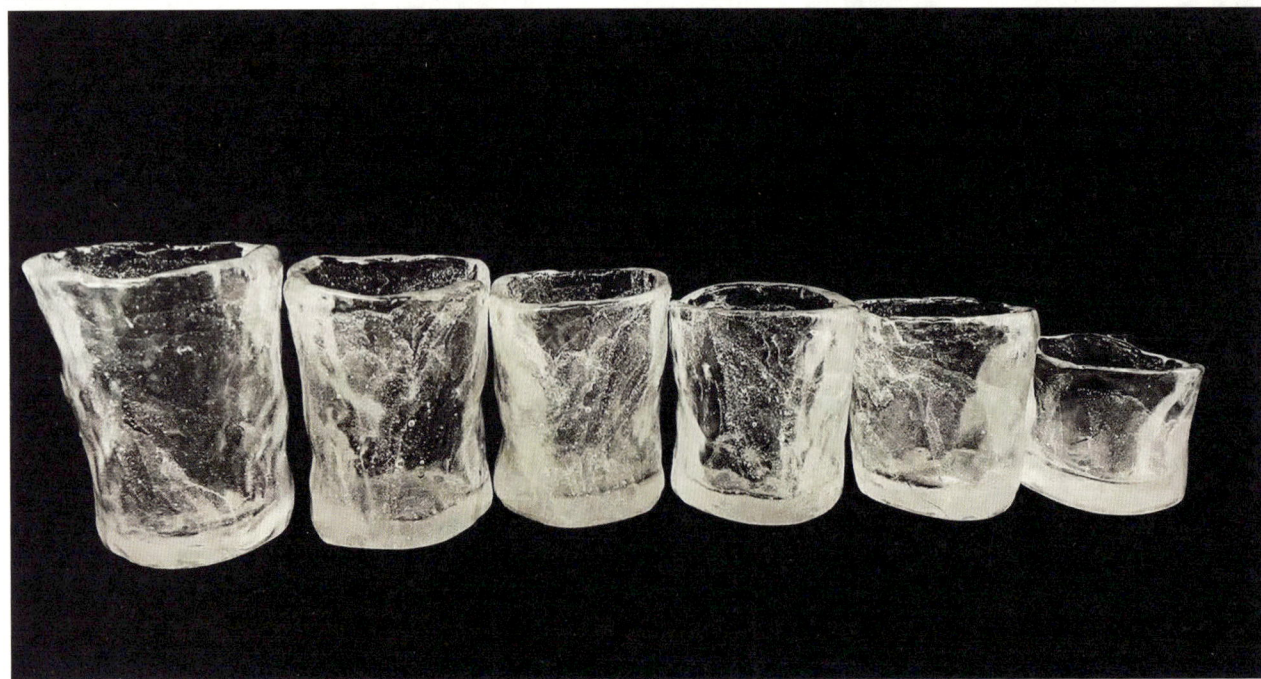

## 案例 6　渐变色玻璃椅

**设计与应用分析：** 这把形态极简的渐变色玻璃椅是欧洲家具设计师Germans Ermics的作品。在椅子的制作工艺上运用了新型的无影胶（无影胶又称光敏胶或紫外线固化胶，它必须通过紫外线光照射才能使黏合剂在数秒钟内由液态转化为固态）将玻璃洁净地黏合在一起，使玻璃的强度大大增加。更让人称赞的是在整个椅子上找不到一处螺丝、支架等连接及加固的痕迹，可见设计师在其结构以及力学方面做了精确的推敲，从而让椅子达到一种完全平衡的状态，并以完全透明、悬浮的姿态矗立着。

**知识点：** 平板玻璃压延成型

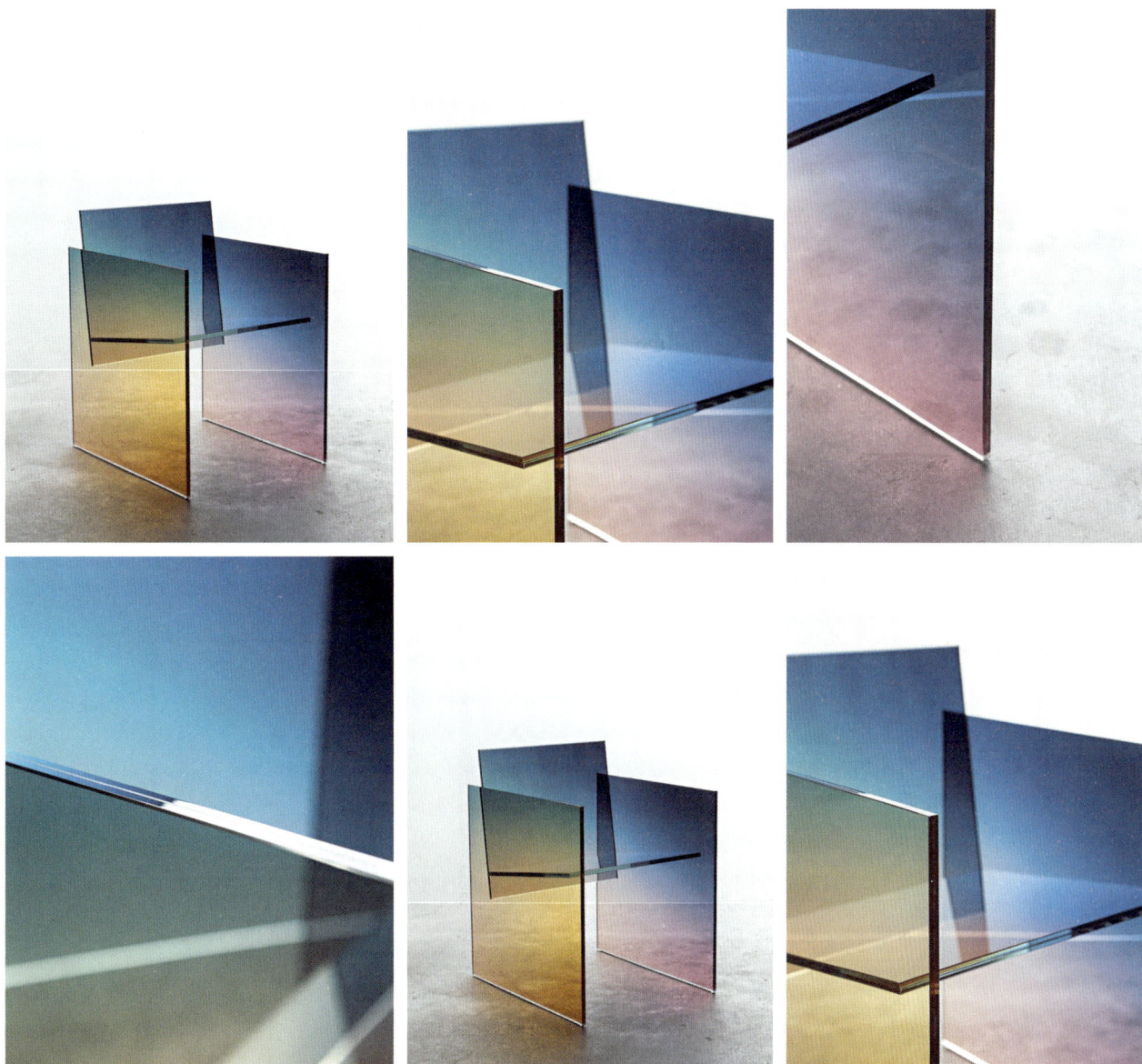

## 案例 7
### 调光玻璃

**设计与应用分析**：调光玻璃是一款将液晶膜复合置入两层玻璃中间，经高温、高压胶合后一体成型的夹层结构的新型特种光电玻璃产品。其工作原理是当调光玻璃关闭电源时，电控调光玻璃里面的液晶分子会呈现不规则的散布状态，此时电控玻璃呈现透光而不透明的雾化外观状态；当调光玻璃通电后，里面的液晶分子呈现整齐排列，光线可以自由穿透，此时调光玻璃瞬间呈现透明状态。它可以通过人工开关、人工调光、光控调光、声控开关、温控开关、遥控开关、远程网控等方式，根据客户要求随意组合使用。

**知识点**：调光玻璃的特性

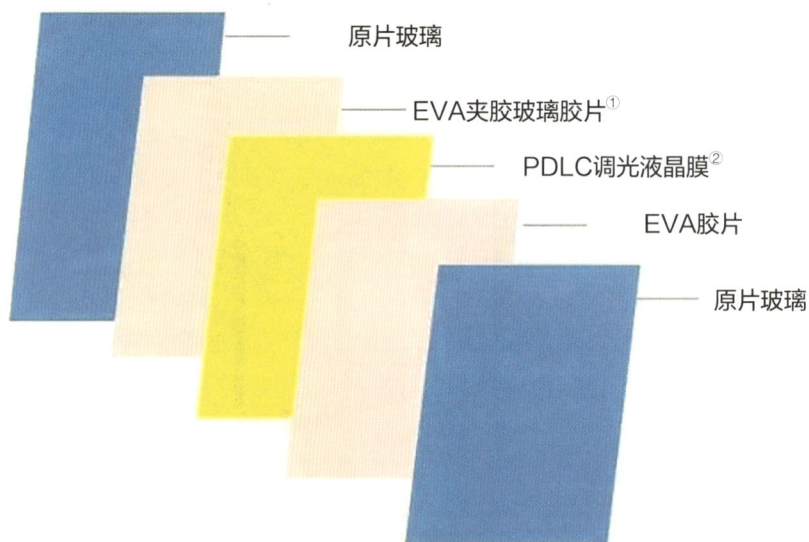

原片玻璃

EVA夹胶玻璃胶片①

PDLC调光液晶膜②

EVA胶片

原片玻璃

通电透明状态

断电雾化状态

备注：①EVA夹胶玻璃胶片是以由高分子树脂为主原料加工而成的一种高粘度薄膜片材。
　　　②PDLC调光液晶膜可通过电压的调节来实现玻璃在透明和不透明之间的转换。

## 案例 8
### 墨竹玻璃器皿系列

**设计与应用分析**：这组墨竹玻璃器皿系列由 HSIANG HAN DESIGN 设计工作室出品，该工作室的作品灵感都取自大自然，致力于探索仿生技术。这组玻璃器皿系列也不例外，将东方竹子的造型和水墨画的韵调相结合，注重竹节形态的有机变化，产生了一系列高低错落、别有韵味的装饰器皿。

墨竹玻璃器皿系列采用手工吹制而成。在生产过程中，对技术要求比较高，工匠需要按标准的模具口径吹制出长短不同的竹节，正是因为竹节长短的不同，造成了玻璃壁厚的不同，从而产生了水墨渐变的颜色变化，然后再将不同尺寸的竹节压合连接在一起，最后进行不同高度尺寸的切割。整个过程需要工匠高超的对温度以及工艺精度的控制能力，正是吹制工艺赋予了墨竹玻璃器皿"墨水渐变"的视觉效果和意境。

**知识点**：人工吹制玻璃

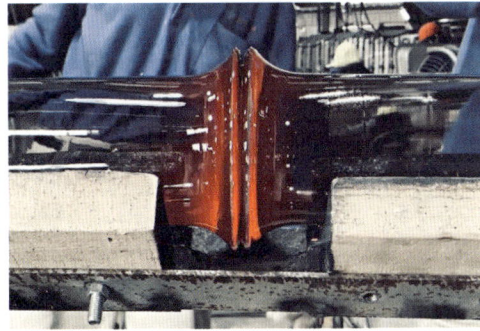

*Notes*

*Notes*

# 9

## 新材料与
## 未来产品设计

本章主要介绍材料与社会发展、技术发展的紧密关系，以及主流的新材料分类方法与家居产品设计中的新材料应用案例。主要分为3个部分：

①重中之重——新材料的概述；

②乱花渐欲迷人眼——新材料的分类；

③天马行空——设计中的新材料。

# 9.1　新材料的概述

人类社会的进步和发展与人类对材料的发现和利用密不可分。人类历史进程中所有对新材料的利用都直接反映了人类社会的生产力与文明水平。

有人用材料将人类历史划分成以下7个时代，如图9-1所示。

另外还可以见到以下的划分方法，如图9-2所示。

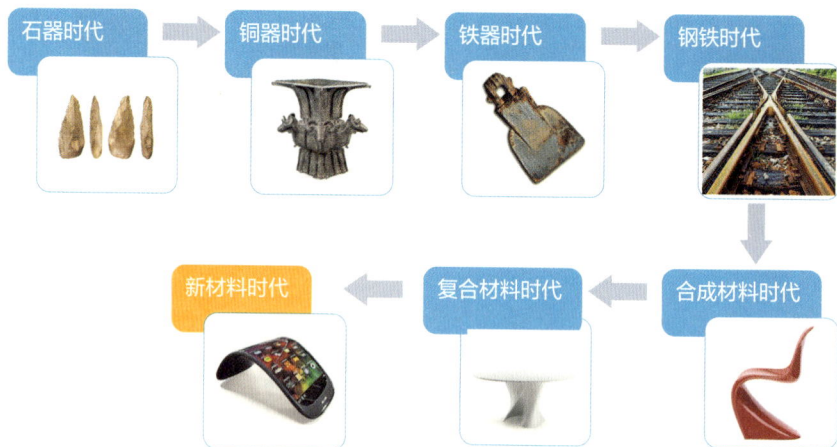

图9-1　材料发展历史划分（一）

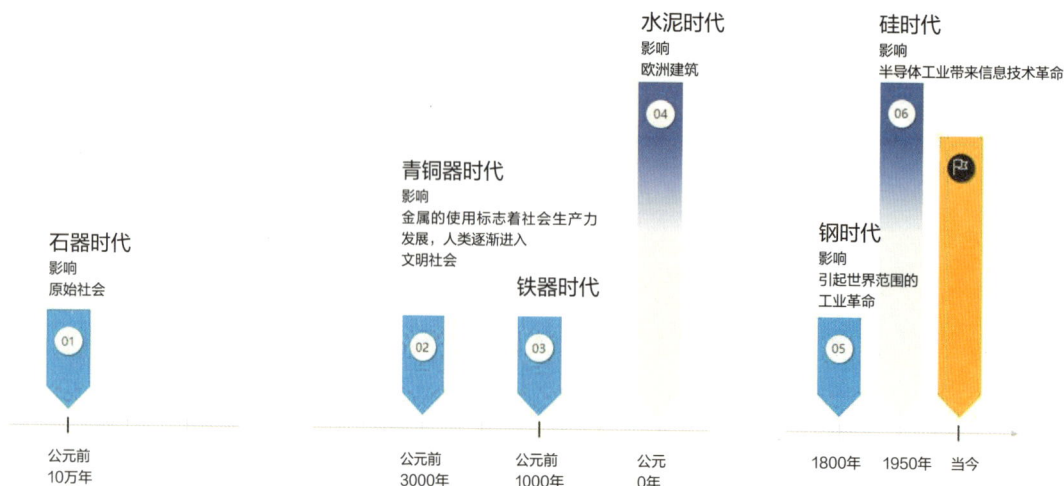

**水泥时代**
影响
欧洲建筑
04

**硅时代**
影响
半导体工业带来信息技术革命
06

**青铜器时代**
影响
金属的使用标志着社会生产力发展，人类逐渐进入文明社会
02

**铁器时代**
03

**石器时代**
影响
原始社会
01

**钢时代**
影响
引起世界范围的工业革命
05

公元前
10万年

公元前
3000年

公元前
1000年

公元
0年

1800年　1950年　当今

图9-2　材料发展历史划分（二）

图9-3　新材料的发展趋势

　　材料是产品功能与形态的载体。产品设计的过程，就是对材料认识、理解和组织的过程。因此，对于设计师来说，了解新材料的发展与未来家居产品设计之间的关系，有利于其在设计工作中更好地把握和应用新材料、新工艺，从而设计出性能高、质量好、节能环保的优异产品，设计出更能适应现代与未来生产、生活方式的新产品。

　　作为设计师，必须着重关注各种新材料与新工艺的诞生与发展趋势。新材料的发展呈现如下趋势，如图9-3。

## 9.2　新材料的分类

　　材料、能源和信息作为现代技术的三大支柱，其中材料排在首位。新材料在近几十年得到了迅猛的发展。图9-4归纳了新材料生态图。

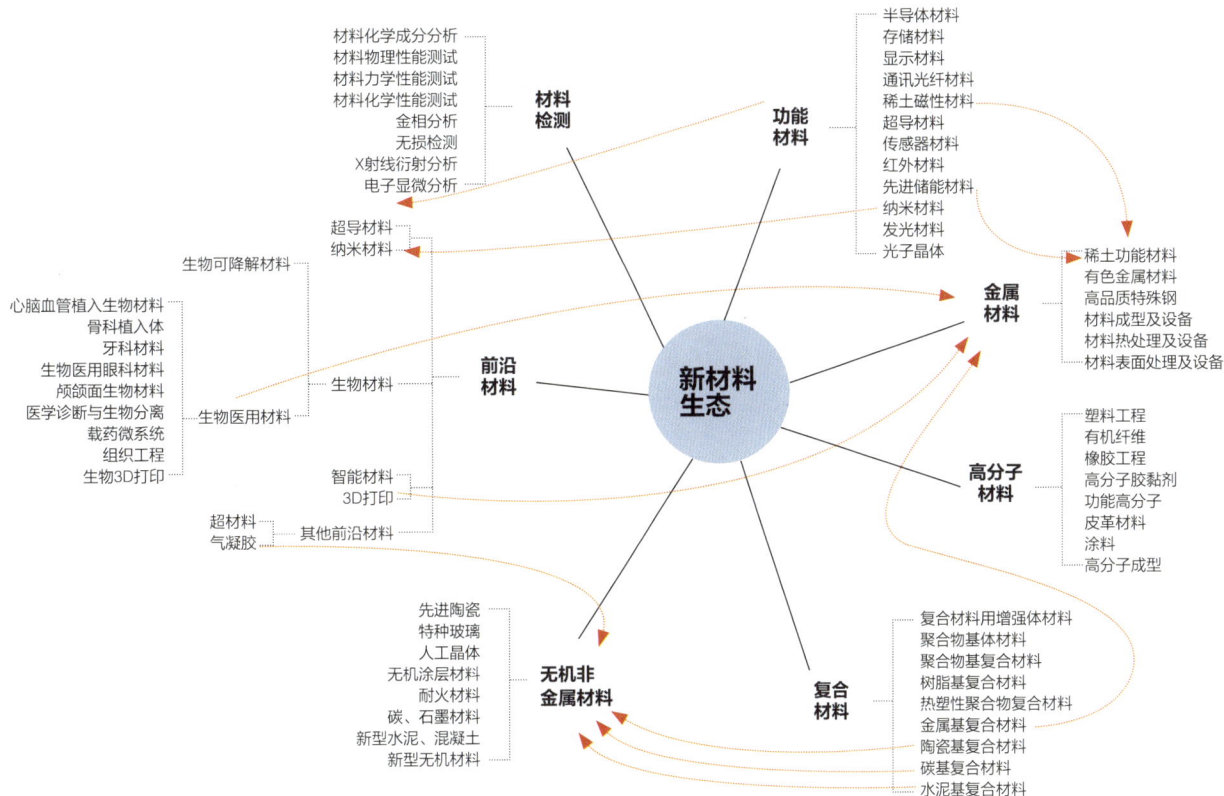

图9-4　新材料生态图

　　新材料可以从结构、组成、功能和应用领域等角度对其进行分类，但新材料的结构、组成特征复杂，不同的分类之间相互交叉和重合。目前，按照应用领域和当今的研究热点把新材料分为以下的主要领域，如图9-5。

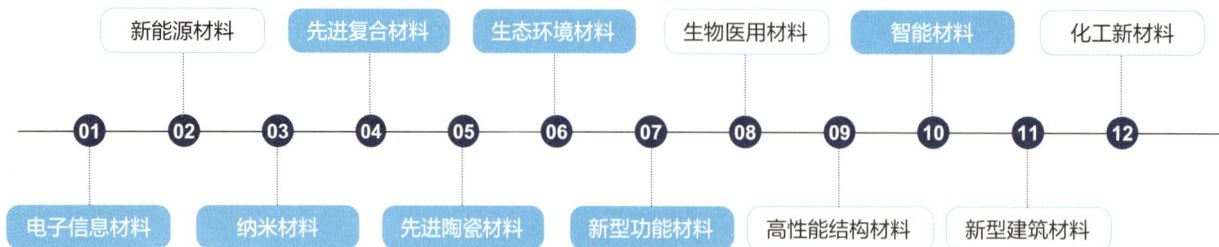

| 新能源材料 | 先进复合材料 | 生态环境材料 | 生物医用材料 | 智能材料 | 化工新材料 |
| --- | --- | --- | --- | --- | --- |
| 01 | 02 | 03 | 04 | 05 | 06 | 07 | 08 | 09 | 10 | 11 | 12 |
| 电子信息材料 | 纳米材料 | 先进陶瓷材料 | 新型功能材料 | 高性能结构材料 | 新型建筑材料 |

图9-5　新材料应用领域

# 9.3　案例分析与知识点解读

　　产品设计与材料应用密不可分。新材料的应用及新工艺的开发造就了大量经典设计作品，下面通过一些涉及新材料应用的设计案例来浅识相关知识点。

## 案例 1　增强聚丙烯材料｜"Miura"凳

　　**设计与应用分析**："Miura"凳，制造商：Plank Collezioni srll，材料：增强聚丙烯，设计：康斯坦丁·格尔齐茨。"Miura"凳的结构复杂、表面柔软、曲线非常精细。设计师最初的设计思路更多地是从雕塑的角度考虑，而非应用的角度。可是当基本框架制作出来之后，设计师才发现，只要对凳子的几何参数稍加调整，就能使座椅逐个堆叠起来，这也成为设计的画龙点睛之处，在雕塑感上又增添了这一重要的功能。

　　这个设计最重要的特征是可以把椅子堆叠起来，减少空间占用的同时也降低了运输成本。设计师采用增强聚丙烯材料很好地诠释了设计的雕塑感与功能性的结合。

　　聚丙烯增强有多种方法，常用的是用玻璃纤维直接增强，也可将聚丙烯经化学接枝后再用玻璃纤维增强或将聚丙烯经化学改性后再用玻璃纤维增强，后两种增强方法效果更好。

　　增强聚丙烯具有优异的强度和韧性，综合性能达到甚至超过通用工程塑料。具体优点表现在：机械强度好、模量高，可在相当负荷下工作；耐热性好，冲韧性优异，可在-30～110℃的温度范围使用；化学稳定性好，可在许多化学介质影响下保证使用性能，可用于电子部件、配电箱、电容器端子板、家用电器及化工设备等。

　　"Miura"凳采用的是固体注模而非气体注模，因此大大降低了模具成本。与其他产业相比，家具产业的生产水平较低。"Miura"凳的设计极具创新性，它采用了最经济的方式，却制作出了高技术的产品。

　　**知识点**：增强聚丙烯材料的创意设计

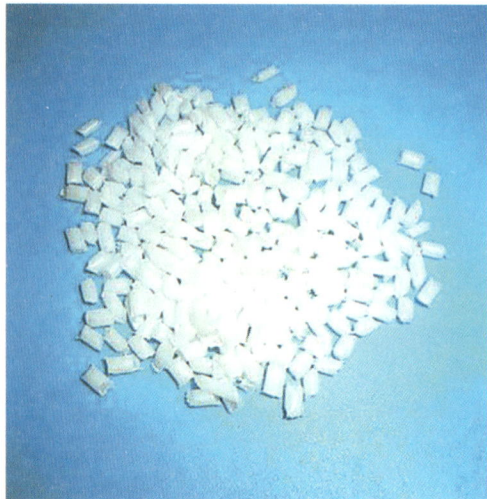

增强聚丙烯

"Miura"凳的堆叠

设计师康斯坦丁·格尔齐茨设计
的"Miura"凳由制造商Plank
Collezionisrll制造，采用了增强聚
丙烯材料这一材料。

## 案例 2　多层聚合复合材料 | "Segesta"椅

**设计与应用分析：**"Segesta"椅是制造商Alias SpA委托设计师设计阿尔弗雷德·哈勃利设计的一款铝结构的软包餐椅。这把椅子的创新源自设计师哈勃利对一种新材料的寻找，他希望这种材料能体现骨架中曲折的线条。

HiREKTM材料激发了设计师的灵感，当设计师剥开椅子表面织物，露出椅子骨架的工艺美之后，这把"Segesta"椅的创意应运而生。"Segesta"椅不仅使用了新型的材料，而且其不同寻常之处在于它有扶手，却还能堆叠起来。其曲线型的座面与靠背以流线型的方式伸展开来，独特的镂空造型和弹性的材料，使椅子就像一把悬臂椅。

HiREKTM是一种高科技多层聚合复合材料，由聚烯烃和聚酯纤维制成，面市时间较短。这种材料的密度具有可变性，内部组织结构呈动态的蜂巢状，外观具有较好的审美趣味，感觉就像可丽耐，可丽耐是一种由美国杜邦公司研发的纯亚格力人造石材质，但性能却与胶合板类似。

**知识点：**高科技多层聚合复合材料的创新应用

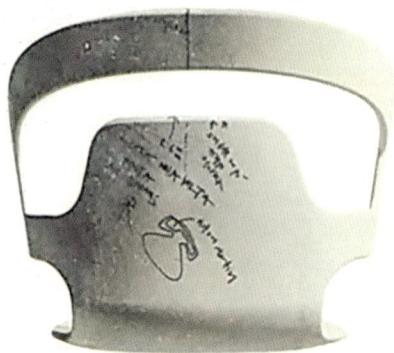

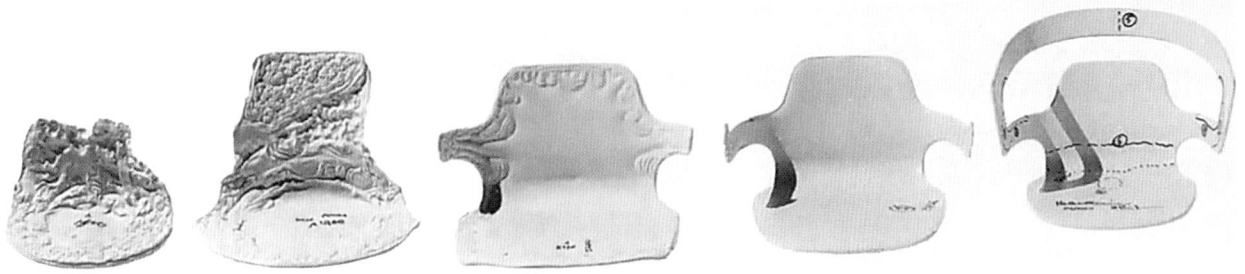

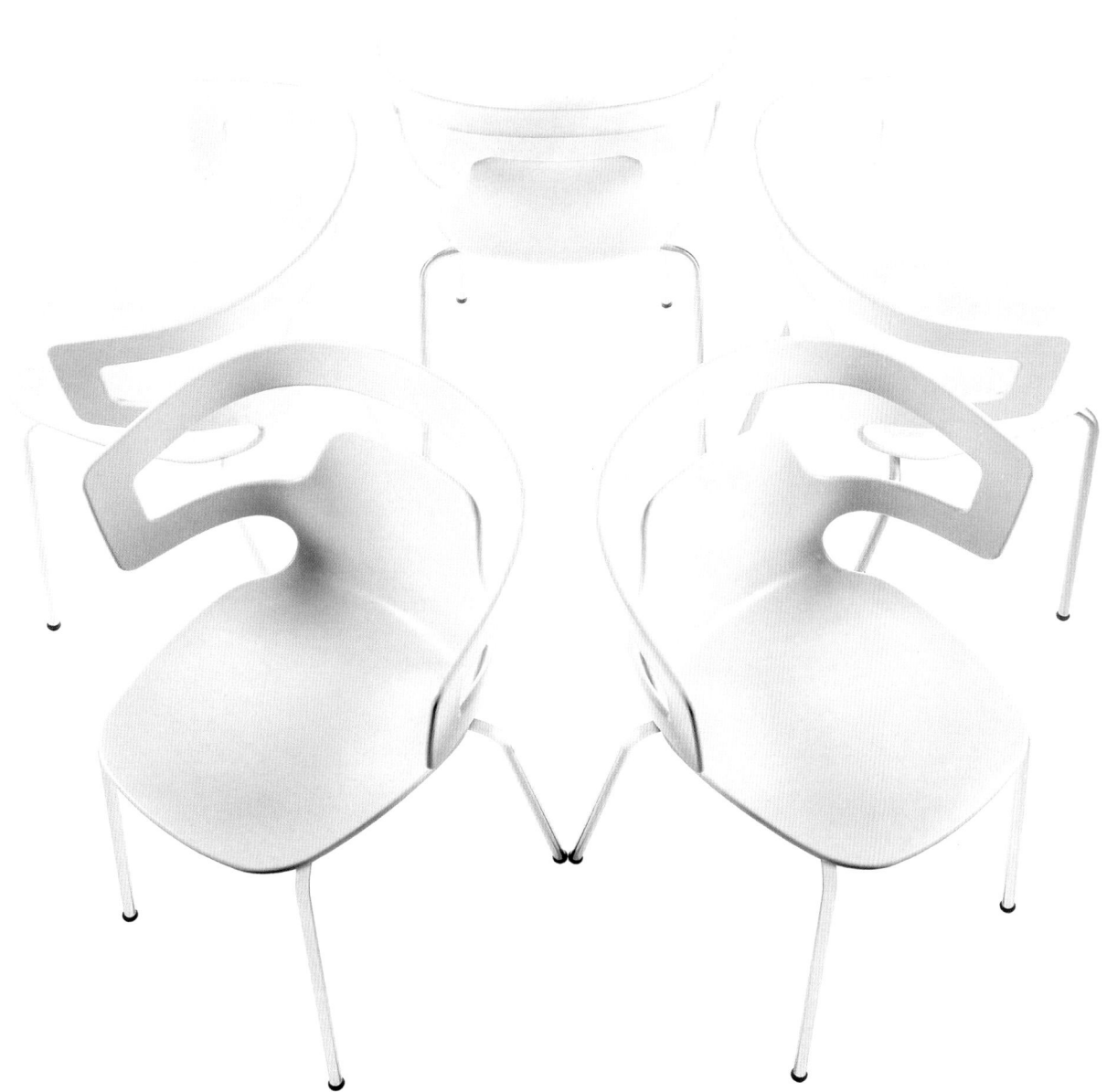

## 案例 3
### 热塑性聚酯弹性体材料 | 面包椅

**设计与应用分析：** 由日本著名设计师吉冈德仁设计并制造的这件面包椅犹如从烤箱烘制出来一般，非常独特。设计师耗时3年设计完成，设计理念来源于设计师在《国家地理》杂志上看到的一篇文章，该文章介绍了各种纤维。吉冈德仁被纤维的结构所震撼，它们虽然柔软，却显现强大的性能，非常牢固。它们通过分散压力来满足座椅的强度。

这款座椅最终采用半透明的海绵状聚酯弹性体制作完成。

半透明的海绵状热塑性聚酯弹性体（TPEE）常用于医疗和农业领域。TPEE兼具橡胶优良的弹性和热塑性塑料的易加工性，软硬度可调，设计自由，是热塑性弹性体中备受关注的新品种。热塑性聚酯弹性体（TPEE）与一些传统材料相比具有更好的性能。对大多数需求来说，TPEE可以直接使用，若有特殊要求，可添加相应的助剂以满足设计需求。

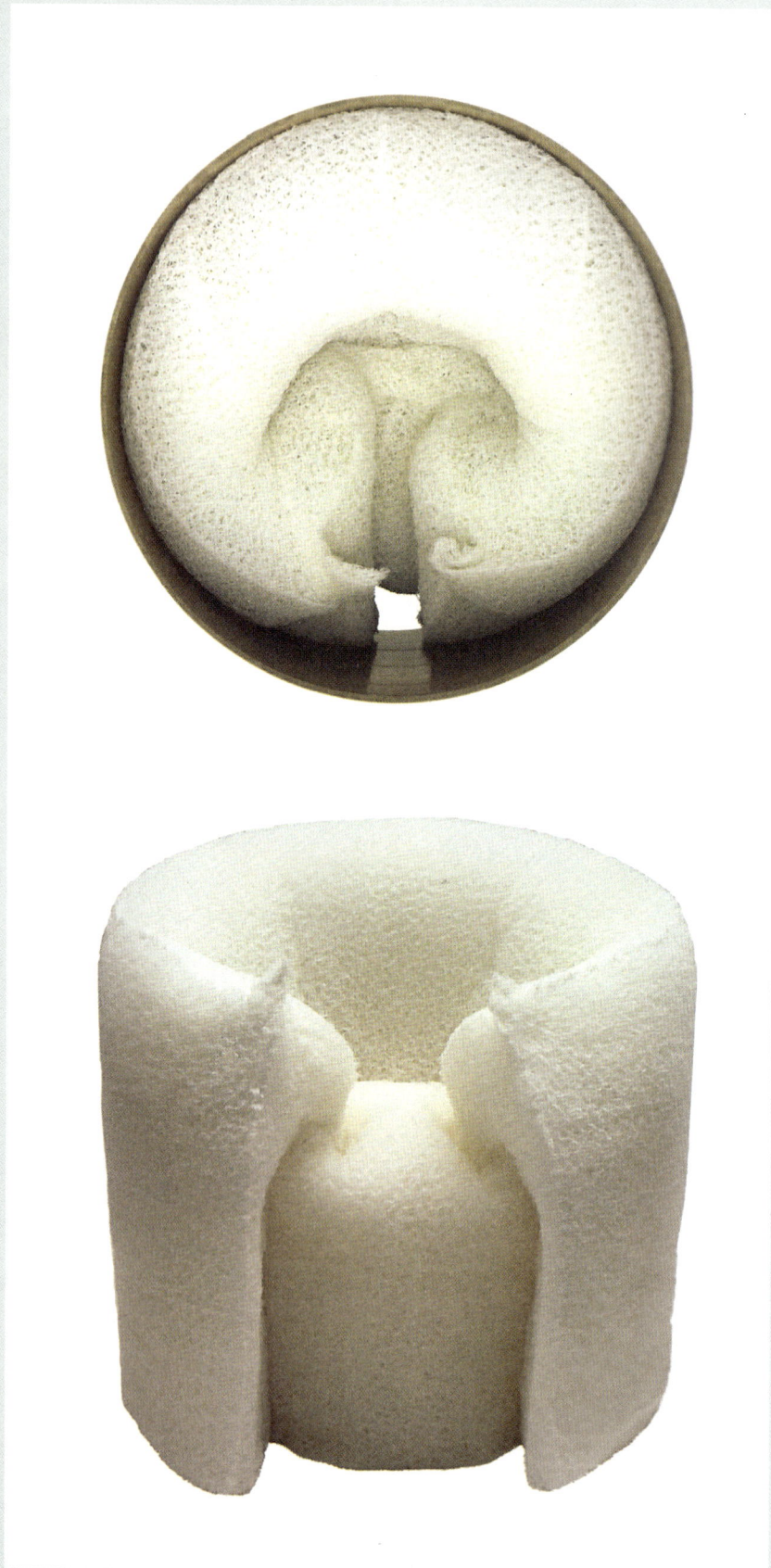

制作过程

TPEE具有以下特性，如下图：

TPEE具有良好的加工性，可采用各种热塑性加工工艺进行加工，如挤出、注射、吹塑、旋转模塑及熔融浇铸成型等。

**知识点：** 热塑性聚酯弹性体（TPEE）的创意设计

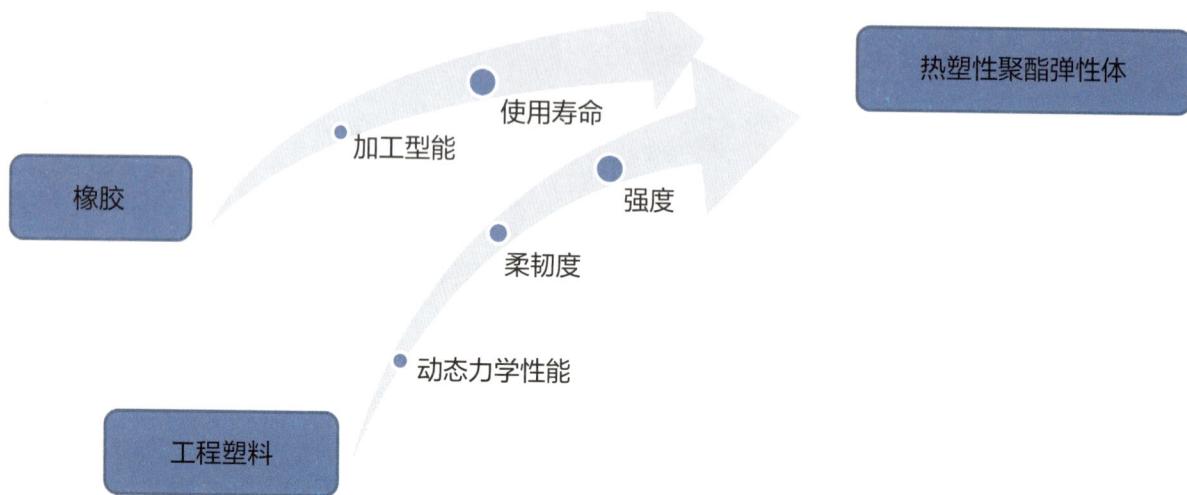

TPEE 与其他材料性能对比图

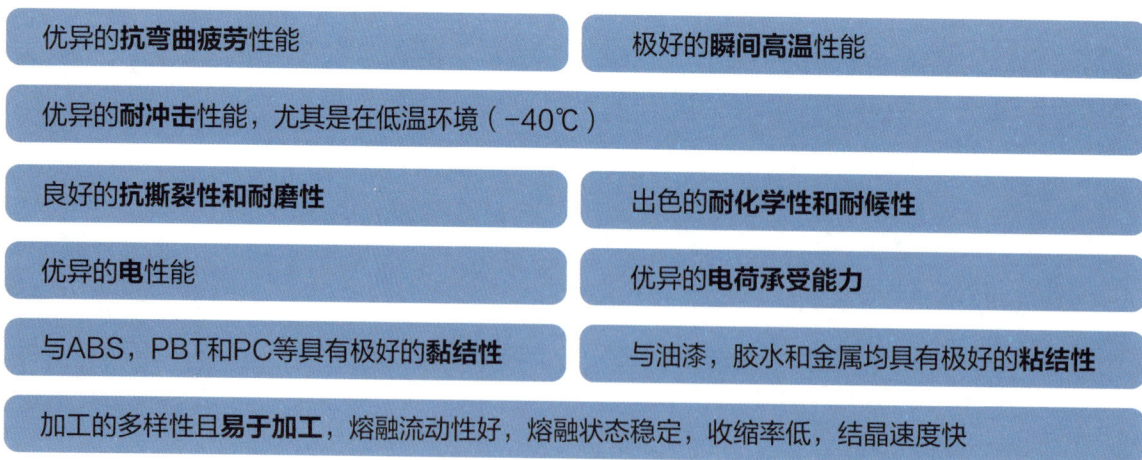

TPEE 特性图

## 案例 4　聚氨酯复合材料 | "S"形桌

**设计与应用分析：**

设计师塞维尔·拉斯特的作品往往具有图形、数字体式的艺术美感，这在其作品的命名和侧面轮廓中都可以体现出来。S形桌将两个S造型的支架与一个单一平面组合起来，形成复杂的轮廓。在制模之前，利用环氧树脂和光固化快速成型技术制作了一个缩小20倍的模型之后，采用硬塑胶和多层复合木板制作出了1∶1的模型。

由于加工的需要，设计师放弃了使用金属材料的想法，转而采用Baydur®，。设计师采用了传统工艺制作模具，模具的制作使用了综合媒介，而不是利用不锈钢块加工而成，成本相对低廉。然而由于材料原因，在一定数量的作品完成后，模具需要重新制作，而这也成为一种优势，制作商对模具进行改进优化，使产品完成很好的迭代更新。

拜多®（Baydur®）聚氨酯复合材料具有高度的可调节特性，适用于大型模具生产，易于组合成聚氨酯复合材料，满足众多的应用需求，因此被广泛用于建筑、汽车、电器和物流等领域。基于拜多®（Baydur®）的硬质聚氨酯泡沫轻薄坚固，可替代传统材料，它们被应用于农业器械、卡车驾驶室、水疗设备和热水浴缸等行业领域。此外，拜多®（Baydur®）聚氨酯复合材料也被应用于需要精确再现表面细节的大成型件，例如内墙覆面。此种材料的主要优点为功能丰富、耐用、防潮、抗冲击；轻盈结实，可替代传统材料；易于组合，与其他材料可组合成复合材料，强化所需特性。

在最新的设计中，制造工厂使用了Ekotek材料，它是一种双组分树脂，由Nicos Inernational SpA公司制造，现在Cristalplant®有售。Ekote是技术进步的产物，由天然磷酸铝矿物填料和聚酯丙烯酸树脂合成，主要成分是天然矿物填充剂（从铝矿土派生的ATH），还包含高纯度聚酯和丙烯酸聚合物，这种树脂从植物淀粉和非转基因玉米中提取出来，非常环保，符合美国绿色建筑认证体系（LEED）的有机化合物排放和生物基的标准。这种材料具有天然天鹅绒般的表面触感，是一种惰性的无毒材料，材料本身可以被百分之百回收利用，满足了环保可持续的需求；材料耐火性好，并具有较高的抗紫外线特性，坚固、卫生、耐用、便于清洁。材料本身为白色，可适用于多种空间和环境。

　　**知识点：**聚氨酯复合材料特性与创新应用

S形桌的模型

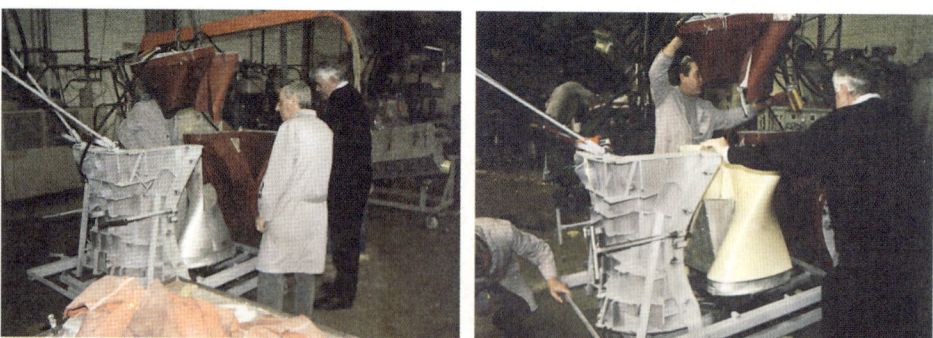

S形桌的生产

**案例 5**　聚酰胺3D打印材料 | ENTROPIA灯

**设计与应用分析：**

采用激光烧结聚酰胺工艺制造的"Entropia"灯是数字制造技术与产品设计的完美结合。尽管在公共领域有很多利用快速成型工艺创作的作品，但大多数是一次性或限量版的，而这款灯具已经实现了批量化制造。多个复杂而不规则的构件组成了这款灯具，让人在感叹其精妙的同时也对其加工制作产生了兴趣。2004年，莱昂内尔·T·迪恩和Kundalini公司的创始人及创意总监格雷戈里奥·斯皮尼在伦敦设计周初次相遇。Kundalini的设计理念是通过创新技术或者以现代方式，利用传统方法和材料，将感性与情感融入产品的实际形态中。

"Entropia"灯之所以能实现，是因为采用了选择性烧结（SLS）快速成型工艺进行生产，最大化地发挥了快速成型的潜能，一次性制造出尽可能多的零部件。知名的快速成型设

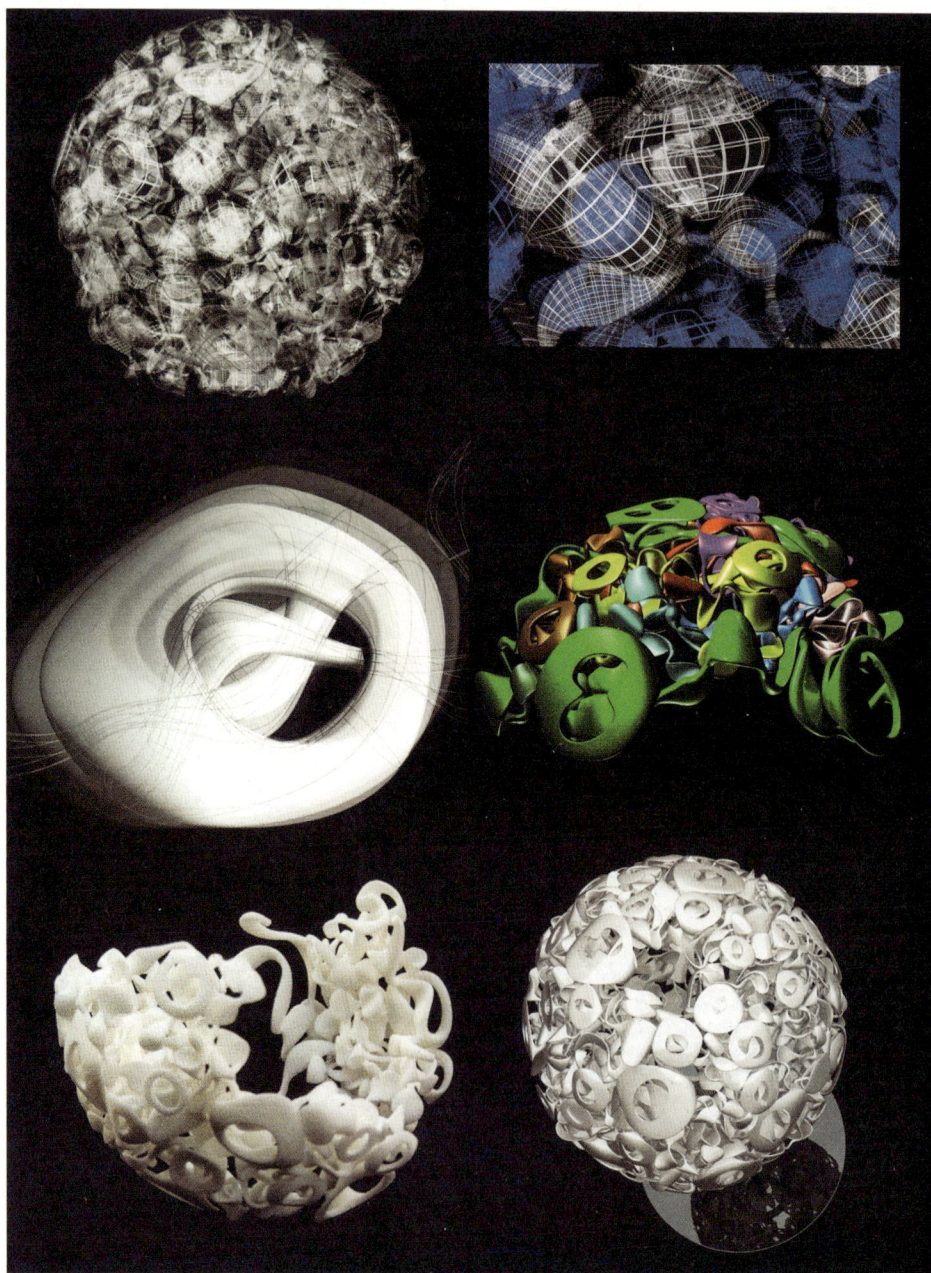

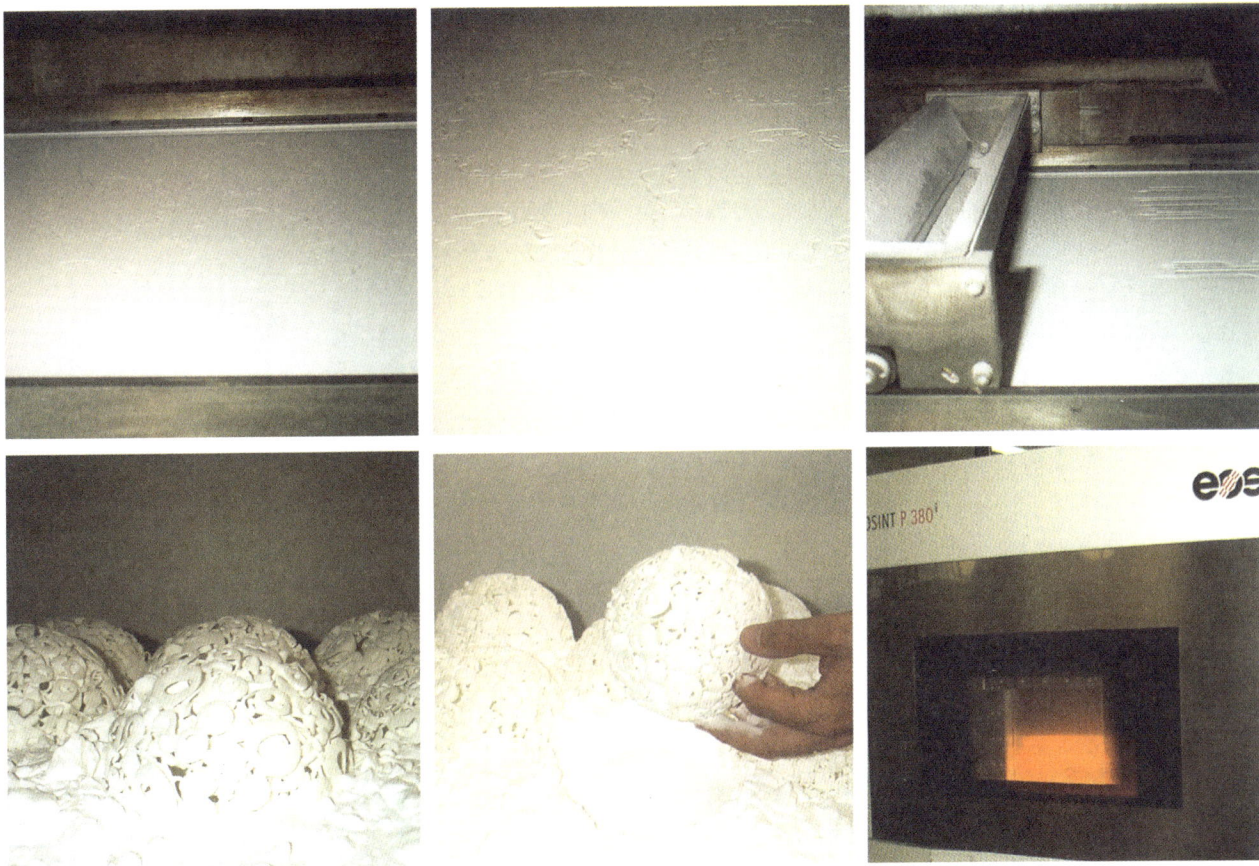

备制造商EOS也参与了这个项目，成为该项目取得成功的根本保障。

设计师迪恩受到大脑内部形态的启发，直接使用计算机进行CAD绘图，利用Alias先进的曲面建模功能构建出作品的结构。其设计概念是把基本造型元素，通过有规律地膨胀和变平，形成类似"叶子"的形态，有时候也形成前端为又圆又扁似花朵的圆圈造型，一串串相互交织，绵延不断。花和叶子相互交织成网状结构，不规则而且混乱。从原型到最后的设计成品，进行了多次调整，将叶子比较稀疏的地方修改得更加紧密，整个造型变薄了，提高了其通透性，也增加了相互连接的结构，使组成的球体造型在压力下不会变形。

3D打印技术是20世纪90年代中期发展起来的一项先进制造技术，被誉为"第三次工业革命"的核心技术。3D打印技术自问世以来，对促进产品设计创新、缩短新产品开发周期、提高产品竞争力有巨大的推动作用。现已成为产品设计、开发、生产制造的一项新兴的关键性技术领域，并得到了广泛应用。

SLS工艺成型技术中采用的材料为固态粉末材料。固态粉末材料分为非金属（蜡粉、塑料粉、覆膜陶瓷粉、覆膜砂等）及各种覆膜金属粉末材料。本案例采用的聚酰胺PA（尼龙）材料具有良好的综合性能，包括力学性能、耐热性、耐磨损性、阻燃性，并具备一定的柔韧性。用玻璃纤维、碳纤维复合塑料树脂增强改性，能提高其性能和扩大应用范围。使用基于该材料的工程塑料进行3D打印，可以直接获得强度高、柔韧好、重量轻的零部件与产品。

**知识点**：3D打印技术与设计应用

## 案例 6    可自愈的3D打印材料

**设计与应用分析：** 南京工业大学和英国剑桥大学的研究者设计了一种新的生物3D打印墨水，有望打印出具备各种特殊功能（例如能在破损后快速自我修复）的材料。

这种墨水是由许多微小的凝胶颗粒组成的。凝胶颗粒是类似鸡蛋的双层结构，里面是羧甲基纤维素的水溶液，外壳则是两种凝胶材料的混合物，一种是由动物皮、骨制成的明胶，另一种材料是明胶和一种名叫甲基丙烯酸酐的物质反应得到的甲基丙烯酸酐化明胶，后者在受到紫外线或可见光照射时，会失去弹性变硬，获得一定的强度。由于来源于生物且具有微观多孔结构，研究人员将这种墨水称为微孔蛋白质基微凝胶（PAM）载体。

在正常状态下，PAM载体是具有弹性的固体，但是当受挤压时，材料内部凝胶颗粒间的摩擦消失，它会变成具有流动性的液体，因此可以用在3D打印机中。而在制造凝胶颗粒时，在外壳中提前装入不同的活性细胞或微生物，就能得到具有独特生物活性的3D打印墨水，从而打印出满足不同需求的材料。例如，装入在感知到破损时可以启动自我修复的微生物，就能制造出自愈材料。相比于直接让细胞分散到凝胶材料中的传统生物打印墨水，这种新墨水能更好地固定细胞的位置，同时保留它们的生物活性。

**知识点：** 新型3D打印材料

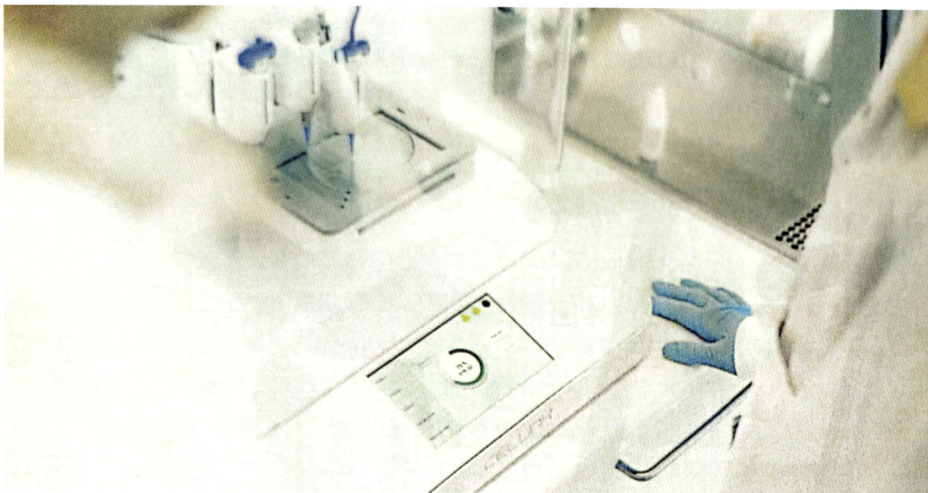

## Notes

## 案例 7　3D打印家具产品

**设计与应用分析：** 3D打印在家具产品中的应用也显得格外有创意。这里面列举了CHAIR N°ONE、木纤维3D打印椅和独特仿生3D打印椅，通过这3个案例的解读和分析，可以更好地了解3D打印在家具设计中的应用。

**知识点：** 3D打印在家具中的创新应用

（1）水泥制3D打印材料 | CHAIR N°ONE

CHAIR N°ONE重新审视了自然界的元素，将这些元素运用在椅子的设计语言中，复杂的仿生结构模仿了植物和其他生物中的图案。三维打印方法以类似年轮的形式揭示了制造上的细微差别，使每件作品都有独特的特征。水泥质打印化合物可以根据CHAIR N°ONE是在室内还是在室外使用来选择，使该椅子成为一件随处可用的艺术家具。

CHAIR N°ONE体现了以一种面向未来的方式来创造和重塑用于日常互动的物体。椅子是单件印制的，确保了结构的稳定性和连续、光滑的表面，是水泥质打印化合物材料的创新应用。

*Notes*

CHAIR N°ONE，设计师：Martin Oberhauser, Italy

（2）木纤维3D打印材料 | ANTROPO椅子

ANTROPO椅子-3D打印椅子由木纤维制成，完全可回收利用。

3D打印使构建其他技术无法完成的形态成为可能。靠背的光滑形状、座椅的女性化形状以及材料的弹性使我们拥有了一把舒适的椅子，非常舒适。椅子看起来更像一件雕塑或艺术品，而不是日常使用的物品。

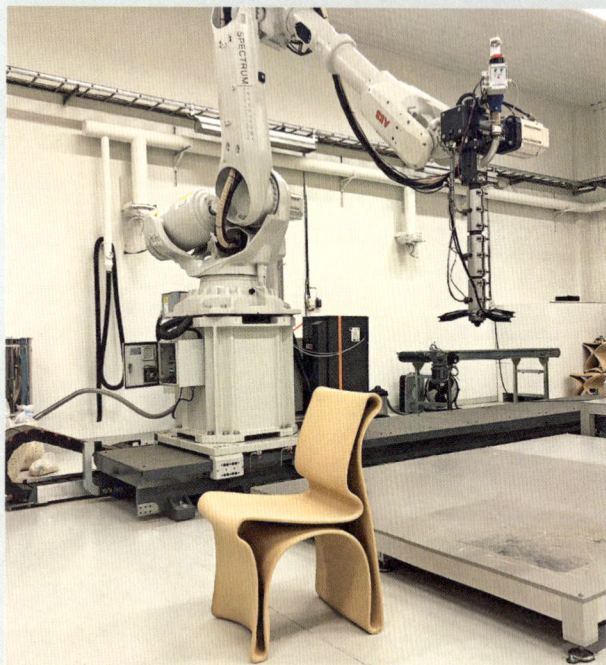

（3）聚合物粉末3D打印材料 | 独特仿生3D打印椅

设计师模仿放射虫的结构设计出了一把椅子，并利用3d打印制造出来，不仅韧性强度高还透气，使用材料也很少。这款最独特的3D打印椅子是由100%回收聚合物粉末制成，没有一滴胶水。

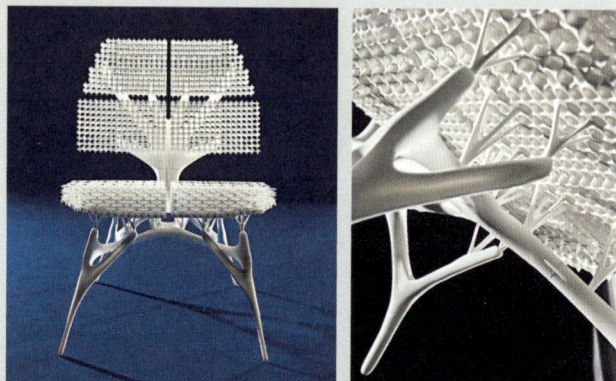

独特仿生3D打印椅，设计：van Daal's

ANTROPO椅子，设计：Wo Mierzwa

## 案例 8　非牛顿流体材料 | 自行车头盔

**设计与应用分析：** Newton-Rider号称"世界上最薄的自行车头盔"，厚度为16mm。Newton-Rider声称平均的头盔尺寸约为30~35mm之间，使用粘弹性非牛顿材料可使其保持较薄状态。这些材料的使用意味着该头盔据说可以通过EN 1078和CPSC安全标准，是一款具有防护多向冲击功能的头盔。Netwon-Rider声明："我们已经对经过认证的设备进行了许多测试，以达到16mm的厚度。由于团队经验丰富，对聚合物和设计有深入的了解，我们取得了自行车头盔构造中尚未发现的某些东西。"

在柔性冲击板间，有一个柔性弹性里衬——它可使头盔适应任何头部形状。分隔线还允许头盔折叠成相对平坦的形式，以适应不同的存储空间。

非牛顿流体，指不满足牛顿黏性实验定律的流体。

高分子聚合物的浓溶液和悬浮液等一般为非牛顿流体。聚乙烯、聚丙烯酰胺、聚氯乙烯、尼龙6、化纤的熔体、溶液等是非牛顿流体；石油、泥浆、水煤浆、陶瓷浆、纸浆、油漆、油墨、牙膏、家蚕丝再生溶液、磁浆、高含沙水流等是非牛顿流体；食品工业中的番茄汁、淀粉液、蛋清、果浆果酱、浓糖水、炼乳、琼脂、土豆浆、面团、米粉团以及鱼糜、肉糜等糜状食品物料也都是非牛顿流体。

非牛顿流体种类繁多，特性各异。下图将其进行了简单的分类，并将可能会提供给设计师以灵感的特性进行了简单梳理，如图所示。

**知识点：** 非牛顿流体材料的创新应用

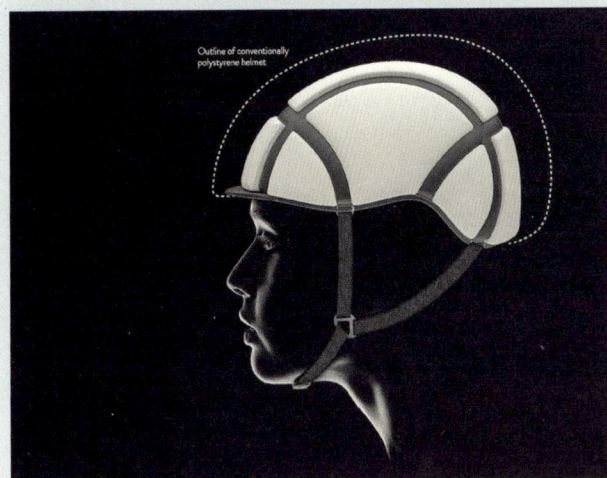

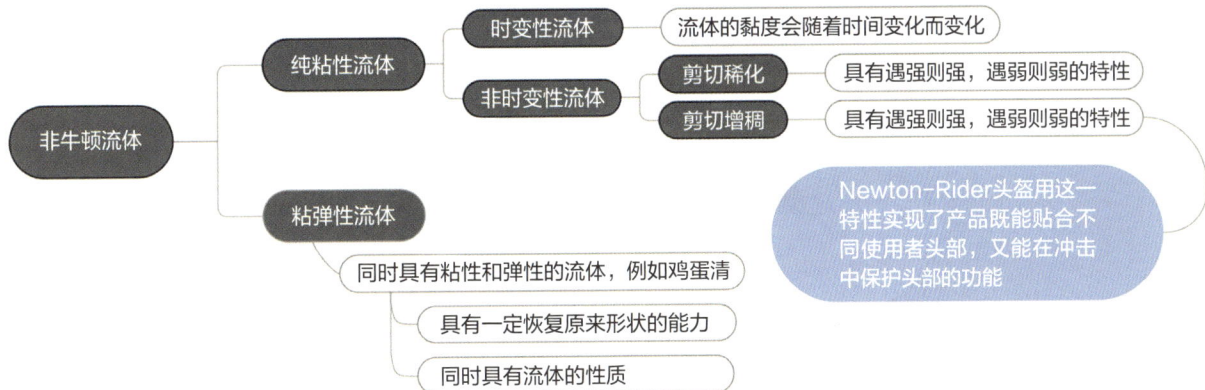

非牛顿流体的分类与特性

## 案例 9　特殊钢制搪瓷 | NUEVA洗脸池

**设计与应用分析：** NUEVA特殊钢制搪瓷洗脸池是对KALDEWEI特殊钢制搪瓷洗脸池系列的补充。这种材料采用了几代人的专有配方，体现了钢和玻璃特性的奇妙共生，使洗脸池坚固、耐用、持久。该产品尽可能一致地结合美学、可持续发展和功能设计的属性，相互补充而不是相互竞争。作为一个旋转对称的物体，这款洗脸池是用纺纱工艺制造的，然后用特制的钢瓷釉配方上釉。

除了富有表现力的清晰设计外，NUEVA还以其精致的边缘形状吸引人。排水口盖也被涂上珐琅，并与底座表面齐平。为了增加使用的便利性，洗脸池配备了防污保护层，这也为该洗脸池的高卫生特性提供了支持。直线型的设计与精细调整的色彩概念相结合，因此NUEVA被定义为一个强有力的标志性设计产品。

**知识点：** 特殊钢制搪瓷材料的创新应用

## 案例 10　磁力液钟

**设计与应用分析**：这是一款创意时钟，由达米扬斯坦科维奇联合马克帕弗尔维奇合作设计。设计师决定利用铁磁流体去制作一款挂墙时钟，其内部充满了磁流体，可在磁力的控制下，使里面的数字游动起来，以此来显示时间。每当时间改变的时候，铁磁流体就会自动流到适当的位置，并组成相对应的数字，看起来相当独特。

磁流体作为一种特殊的功能材料，它既具有液体的流动性，又具有固体磁性材料的磁性，纳米数量级（纳米左右）的磁性粒子包裹一层长链的表面活性剂，均匀地分散在基液中，形成一种均匀稳定的胶体溶液。磁流体由纳米磁性颗粒、基液和表面活性剂组成。该流体在静态时无磁性吸引力，当外加磁场作用时，才表现出磁性。

由于磁流体具有液体的流动性和固体的磁性，使得磁流体呈现出许多特殊的磁、光、电现象；如法拉第效应、双折射效应和线二向色性等。这些性质在光调制、光开关、光隔离器和传感器等领域有着重要的应用前景。

磁流体在磁场的作用下形成丰富的微观结构，这些微观结构对光产生不同的影响，能在很大程度上改变光的透射率和折射率，产生大的法拉第旋转、磁二向色散性、克尔效应等。

**知识点**：磁流体的特性与创意设计

*Notes*

## 案例 **11**　石墨烯可弯折手机

**设计与应用分析：**

　　这款石墨烯柔性屏手机比一般的手机长度略长，宽度略窄，屏幕为5.2in（约13.2cm），重量却只有200多g，可弯曲成一个圆环，像手表一样戴在手腕上。该手机采用石墨烯制成屏幕，使其可以弯曲，将不能弯曲的电池等元器件做在两端，这样拿在手上或者戴在手上都可以。这个手机最大的特点就是可穿戴、可触控，是一款智能手机，而且方便操作。

　　石墨烯技术的发展已有20余年。

　　2012年，美国化学学会表示，石墨烯技术进步将使手机薄如纸张，能够折叠装入口袋。

　　石墨烯是一种能导电的透明材料，可以延展至手机或平板电脑的玻璃表面，将其变成触摸屏，比如通过它制造出可弯曲的智能手表、可折叠成智能手机的平板电脑、15min便充好电且续航能力达500km的电动车蓄电池等。

石墨烯可折弯手机

石墨烯手机SETTLERα

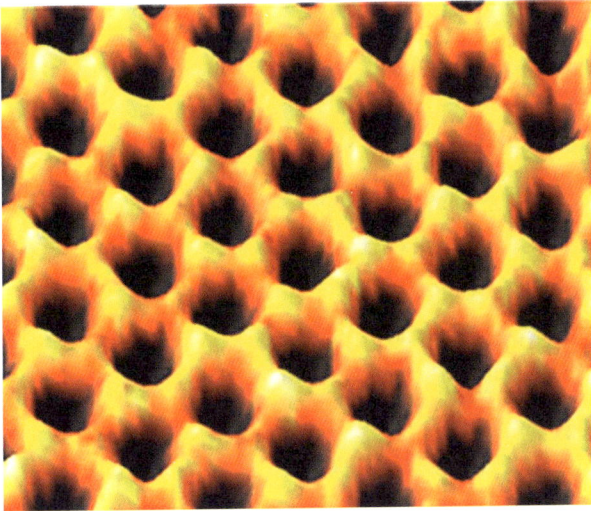

扫描电镜下的石墨烯内部结构

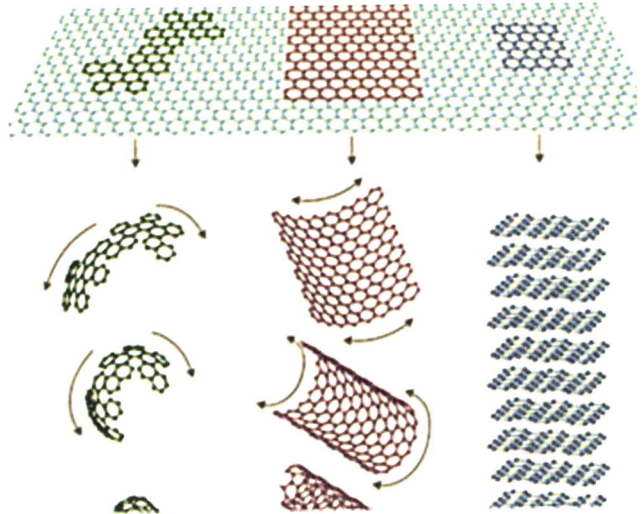

石墨、石墨烯、碳纳米管和球烯之间的关系

　　石墨烯是一种只有一个原子厚的二维碳膜，碳原子之间相互连接成六角网格。以石墨烯的发现为开端，科学家后续又找到了1000多种二维材料。

　　铅笔里的石墨就相当于无数层石墨烯堆叠在一起，而碳纳米管则是石墨烯卷成了筒状。由于碳原子之间化学键的特性，使得石墨烯可以弯曲到很大角度而不断裂，还能抵抗很高的压力。而因为石墨烯只有一层原子，电子的运动被限制在一个平面上，为它带来了全新的电学属性。石墨烯在可见光下透明，但不透气。这些特征使得它非常适合作为保护层和透明电子产品的原料。

　　石墨烯具体特性如下图所示。

　　**知识点：**石墨烯的特性与应用

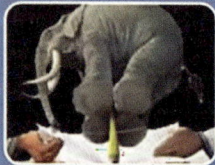

### 力学特性
· 已知强度最高的材料之一
· 具有很好的韧性，且可以弯曲
· 固有拉伸强度为130GPa，是钢铁的100倍

### 电子效应
· 电子迁移率是硅材料的100倍
· 电流密度耐性最大（铜的100万倍），抗烧断能力非常强
· 双层魔角石墨烯中有超导现象
· 零能带隙（不是半导体）

### 热性能
· 目前为止导热系数最高的碳材料
· 石墨烯可用于进行热管理

### 光学特性
· 透光率可达97.7%，可见光下呈现透明状态
· 石墨烯可以用来做被动锁模激光器
· 石墨烯在超快光子学具有广泛应用
· 可用于中红外与中远红外同时成像

### 溶解性
· 在非极性溶剂中表现出良好的溶解性
· 具有超疏水性和超亲油性

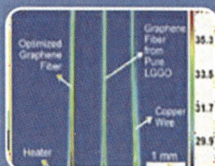

### 熔点
· 科学家在2015年的研究中表示约4125K
· 有其他研究表明熔点可能在5000K左右

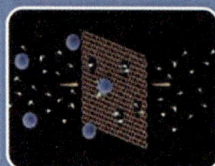

### 其他性质
· 致密和大比表面积，可做很好的阻断材料
· 可以吸附和脱附各种原子和分子（如用于制作口罩）
· 重防腐

石墨烯特性图

## 案例 12　　生物材料应用

**设计与应用分析**：这是皇家艺术学院ANYA MUANGKOTE利用生物材料进行的产品设计的探索，也是对传统生产模型及技术提出的挑战。用这样的生物材料做成的产品具有非同寻常的肌理与质感。本案例图片展现了用这种生物材料做成的各种不同形式的包。

**知识点**：新型生物材料

# 参考文献

[1] 蒋昱昱. 创新材料在电子产品设计中的运用[J]. 艺术教育, 2013(4): 187.

[2] 郎丽娟. 基于材料特性的产品创新设计[J]. 广东工业大学学报 (社会科学版), 2012, 12(1): 77-80.

[3] 岳建军. 塑料加工工艺与制件结构设计[J]. 中国新技术新产品, 2013(17): 107-108.

[4] 禄建伟. 齿轮箱加工工艺设计[J]. 新技术新工艺, 2013(5): 86-88.

[5] 范超. 金属材料加工工艺探析[J]. 民营科技, 2012(5): 69, 129.

[6] 李凤吉. 机械加工工艺的重要性. 软件: 教育现代化 (电子版), 2013.

[7] 王鉴等. 热塑性弹性体POE的应用研究进展[J]. 塑料科技, 2014, 42(5): 118-122.

[8] 陈淑梅. 现代木材加工技术及工艺流程[J]. 山东工业技术, 2014(4): 173, 183.

[9] 闫丹婷. 现代藤木家具加工工艺研究[J]. 林业实用技术, 2012(12): 81-83.

[10] 曹西良. 新材料在汽车领域的应用与展望[J]. 中国高新技术企业, 2013(13): 10-11.

[11] 刘铁艳. 浅谈多孔陶瓷材料制备工艺技术[J]. 现代技术陶瓷, 2012. 33(4): 46-49.

[12] 刘波等. 金属材料常用力学性能的测定[J]. 铸造技术, 2013, 34(3): 286-289.

[13] 张建平. 龙泉青瓷史要[J]. 丽水学院学报, 2013(1): 1-3.

[14] 赵婷婷. 玻璃装饰家居设计[J]. 上海工艺美术, 2011(1): 86-87.

[15] 杨超, 余斌. 陶瓷材料在日用产品设计中的应用研究[J]. 中国陶瓷, 2017, 53(5): 83-86.

[16] 陈亚南. 材料在产品设计中的创新应用研究[J]. 技术与市场, 2019, 26(1): 127-128.

[17] 张为, 张晓. 从椅子设计看材料工艺与产品形态要素的关系[J]. 包装工程, 2010, 31(8): 35-38.

[18] 于文吉, 江泽慧, 叶克林. 竹材特性研究及其进展[J]. 世界林业研究, 2002.

[19] 唐开军. 产品设计材料与工艺[M]. 北京: 中国轻工业出版社, 2020.

[20] 李津编. 产品设计材料与工艺[M]. 北京: 清华大学出版社, 2018.

[21] 姚静媛. 产品材料与工艺[M]. 北京: 国防工业出版社, 2015.

[22] 邹玉清, 周鼎, 李亦文. 产品设计材料与工艺[M]. 南京: 江苏凤凰美术出版社, 2018.

[23] 李一文. 黄明富, 刘锐. CMF设计教程: 产品色彩材料工艺[M]. 北京: 化学工业出版社, 2019.

[24] 田英良, 孙诗兵. 新编玻璃工艺学[M]. 北京: 中国轻工业出版社, 2020.

[25] 刘志海, 李超. 浮法玻璃工艺手册[M]. 北京: 化学工业出版社, 2013.

[26] 焦宝祥. 陶瓷工艺学[M]. 北京: 化学工业出版社, 2019.

[27] 中国就业培训技术指导中心. 陶瓷产品设计师 (国家职业资格一级): 国家职业资格培训

教程[M]. 北京: 中国劳动社会保障出版社, 2016.

[28] 于清华. 英国陶瓷产品设计[M]. 重庆: 西南师范大学出版社, 2017.

[29] 陈峰等. 工业产品材料与构造[M]. 北京: 化学工业出版社, 2021.

[30] 许柏鸣. 家具设计 [M]. 2版. 北京: 中国轻工业出版社, 2019.

[31] 程雪松, 莫娇, 徐苏彬. 家具设计基础[M]. 上海: 上海人民美术出版社, 2018.

[32] 钟元. 面向制造和装配的产品设计指南[M]. 北京: 机械工业出版社, 2018.

[33] 贺松林. 产品设计材料与加工工艺[M]. 北京: 电子工业出版社, 2020.

[34] 诺曼. 未来产品的设计[M]. 刘松涛, 译. 北京: 电子工业出版社, 2020.

[35] 罗杰斯, 米尔顿. 国际产品设计经典教程[M]. 陈苏宁, 译, 北京: 中国青年出版社, 2013.

[36] 华鼎收藏网. 景泰蓝的发展历史介绍[Z/OL]. https://www. bjhdcp. com/article-1522. html.

[37] James Orrom. Chair Anatomy Design and Construction [M]. Thames&Hudson, 2018.

[38] 姜斌, 缪莹莹. 创意产品CMF (色彩、材料与工艺) 设计[M]. 北京: 电子工业出版社, 2020.

[39] Kaarle Holmberg. Kalustemuotoilu design [M]. Lahti, 2000.

[40] Peter Drijver, Johannes Niemeijer. Rietveld meubels om zelf te maken/How to construct Rietveld furniture [M]. UITGEVERIJ THOTH BUSSUM, 2001.